Succulents

多肉植物
栽種聖經

―――― 完全圖鑑版630 ――――

多肉植物的魅力

無論是欣賞還是培育都很有趣的多肉植物。
要向各位介紹，從眾多品種之中精選出幾樣充滿個性的人氣品種。

Echeveria
擬石蓮花屬
美麗的蓮座狀葉叢

擬石蓮花屬「七福神」

　　蓮座的葉片層層疊疊，宛如薔薇般展開的葉片供人觀賞。

　　擬石蓮花屬的種類繁多，從初夏開始整個夏天都是開花期，到了秋天則會轉變為美麗的顏色，也因葉片的形狀和顏色的變化豐富，很多人會製作成顏色繽紛的多肉拼盤。

　　這類多肉若是徒長就不會長成漂亮的蓮座狀葉叢，要多注意日照不足的問題。另外，蓮座的葉片縫隙若有積水殘留在上面易造成植株腐爛，可以用相機專用的吹塵球或吸管將水珠吹掉。

肉錐花屬「花園」

Mesens
女仙類
賞心悅目的可愛花朵

　　番杏科的肉錐花屬和生石花屬的總稱在日本稱為女仙類（Mesemb）。日文音譯為「女仙」，這是相對於外觀偏向為男性的「仙人掌」，與質感光滑的葉片對比之下而將此類多肉形容為「女仙」。

　　女仙類多肉，葉子會失去彈性開始準備脫皮，從秋季到冬季會盛開美麗的小花。肉錐花屬會開紅、粉紅、橘色和黃色等五顏六色的花朵，生石花屬主要以盛開白色花朵為主。注意高溫期的悶熱，夏季儘量保持涼爽通風，照顧得好，每年就能期待開出可愛的小花。

Haworthia
十二卷屬
可愛的水嫩綠色葉片

十二卷屬有分成長條葉片的「硬葉系」，還有亮綠色葉片的「軟葉系」，玉露就是代表種之一。葉片前端有半透明的「葉窗」，透過光線看葉窗就像玻璃一樣清澈。

透明感加上幾何圖形十分有趣，若經過強烈陽光照射會停止生長，也會有葉燒的情形發生。想要欣賞它水嫩的樣子，就要整年放置於通風良好的戶外，並一邊維持高濕度培育，也可放在室內明亮的窗邊養育。

十二卷屬
達磨玉露

Codex
塊莖植物
瀰漫異樣氣氛卻又憧憬的存在

和植株比起來有點不成比例的根和胴體，就是肥厚的塊莖植物。在歐美稱為「Bonsai Succulent（多肉盆栽）」。種類繁多，可透過剪定修成盆栽風格的樣子也別有風味。

有莖是圓滾滾的、莖很矮但呈現寬扁狀的、還有縱向生長成大型植株的，

有各式各樣的形狀，也有會開出紅花或黃花的塊莖植物，多樣化是它受歡迎的原因。

養育時間一長，可期待它長大的模樣，但需要特殊的管理。跟其他多肉相比較耐乾燥，要注意不要太過潮濕，冬季則可放在溫室或室內管理。

龍骨葵屬
黑羅莎

CONTENTS

2 多肉植物的繁殖法 ·········· 21

3 多肉植物的組合樂趣 ·········· 31

4 多肉植物圖鑑

莖多肉植物 …………… 130

塊莖多肉植物 (莖根肥厚) …………… 162

球根多肉植物（地下部肥厚） ⋯⋯⋯⋯ 178

-1-
多肉植物的
基礎知識

這裡稍微整理出栽培多肉植物，應該要注意的重點。了解多肉植物的性質和生育型別，打理好優良的栽培環境，一起變成多肉達人吧。

什麼是多肉植物？

多肉植物依照字義是肉很多的植物，英文是「succulent plants」。直譯是「多汁的植物」。這不是以植物來分類，而是單純以外觀來稱呼多肉。

多肉植物，是因應一般植物在雨水較少無法生活的乾燥地帶，為了生存而進化的植物。擁有獨特的模樣和美麗的色彩，也有許多開著可愛小花的種類，光是原種就有數千種以上。

多肉植物有分天門冬科（包含舊百合科、龍舌蘭科、風信子科等）、景天科、夾竹桃科、大戟科、番杏科、葫蘆科等等，幾乎所有多肉都有跨科別，每個都是以植物體的某處來進行繁殖。多肉化的部位有葉、莖以及包含地下部的根，肉厚的部位都不一樣，但共通點是多肉化的部位是儲存水分及養分的地方。因此在把庫存用光前，會吸水、進行光合作用製造養分，儘管沒有運作，但為了生存下去還是可以維持生命。

※仙人掌也是多肉植物的一種，雖然兩者長得很像，但刺座上有長刺長毛的才是仙人掌。園藝上會把仙人掌科的植物稱為仙人掌作為區分。

❝ 請把多肉植物當成高山植物來栽培！❞

多肉植物大多產自於熱帶及亞熱帶地區，會讓人以為它們很耐熱，但希望大家別把它們當作熱帶植物，而是當作高山植物來栽培。

比如說生育適溫在10～25℃的蓮花掌屬的枝插，若不是在秋季就無法栽培。因為蓮花掌屬很怕熱。即使是在春季枝插發根開始生長，到了初夏氣溫開始上升不僅會停止生長，情況惡化下去還會導致枯萎。因此日本在秋季進行枝插的繁殖作業，會持續生長到春季，等到夏季就可以長成可觀賞的形態。

不同品種就有不同的生長及生存的適溫。了解不同的性質，再搭配養育方法是非常重要的。

許多多肉植物都是靠溫度和日長（日照長度）來決定生長的時期。一年內有適合生長的時期和休眠停止生長的時期。因此要進行栽培，一般都會分成「**春秋型種**」、「**夏型種**」、「**冬型種**」這三種生育型別來栽培。

生育型別栽培方法

類別〈1〉
春秋型種

栽培重點

● 夏季腐根和悶熱容易養失敗，所以進行休眠會比較好。
● 冬季要注意低溫及過濕。

景天屬（➡ P78）

擬石蓮花屬（➡ P54）

十二卷屬（➡ P106）

長生草屬（➡ P82）

生長適溫在10～25℃。偏向於春秋生長，夏季生長趨於緩慢，冬季則是進入休眠狀態。景天科的多肉植物大多屬於這種類型，也是會染成紅葉。

要渡過悶熱的夏天，強制斷水讓植株停止生長（休眠），減少對植株的傷害會比較好。冬季的休眠期也要控制給水，注意低溫。

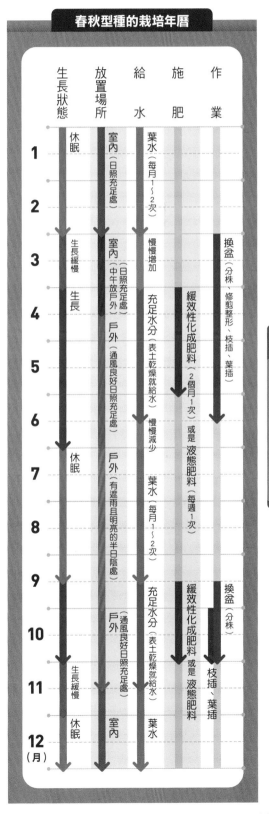

春秋型種的栽培年曆

11

類別〈2〉
夏型種

- 夏季腐根和悶熱容易養失敗,所以要避免沒遮雨有強烈陽光照射的地方。
- 冬季要斷水並且注意低溫。

蘆薈屬（➡ P100）

龍舌蘭屬（➡ P112）

伽藍菜屬（➡ P69）

臥牛屬（➡ P104）

棒錘樹屬（➡ P163）

沙漠玫瑰屬（➡ P162）

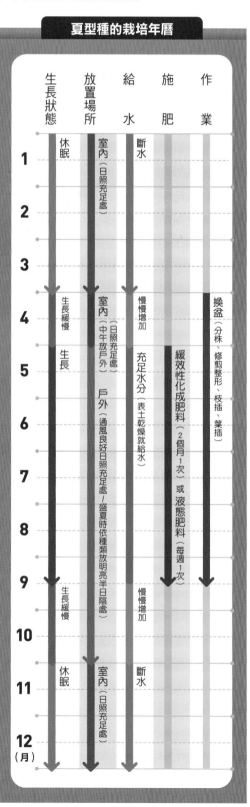

夏型種的栽培年曆

月	生長狀態	放置場所	給水	施肥	作業
1	休眠	室內（日照充足處）	斷水		
2					
3					
4	生長緩慢	室內（中午放戶外）（日照充足處）	慢慢增加		換盆（分株、修剪整形、枝插、葉插）
5	生長		充足水分（表土乾燥就給水）	緩效性化成肥料（2個月1次）或液態肥料（每週1次）	
6		戶外（通風良好日照充足處／盛夏時依種類放明亮半日陰處）			
7					
8					
9	生長緩慢		慢慢增加		
10		室內（日照充足處）			
11	休眠		斷水		
12					

生長適溫在20～30℃。屬於夏天生長,春秋生長緩慢,到了冬天則停止生長進入休眠的類型。雖然有像龍舌蘭屬、沙漠玫瑰屬和棒錘樹屬這些越熱生長越好的種類,但也有怕太熱的植物,所以不能將這些類型當作完全不怕熱的植物。

它們非常怕過濕,要注意腐根和悶熱,要讓它們生長在遮光又通風的地方。冬天要完全斷水,注意低溫,放置在室內的窗邊管理。

類別〈3〉
冬型種

● 夏季腐根和悶熱容易養失敗，所以要斷水，依種類不同有些須給予葉水。

● 注意冬季低溫。

生石花屬（➡ P95）

肉錐花屬（➡ P87）

厚敦菊屬（➡ P126）

蓮花掌屬（➡ P44）　哨兵花屬（➡ P179）

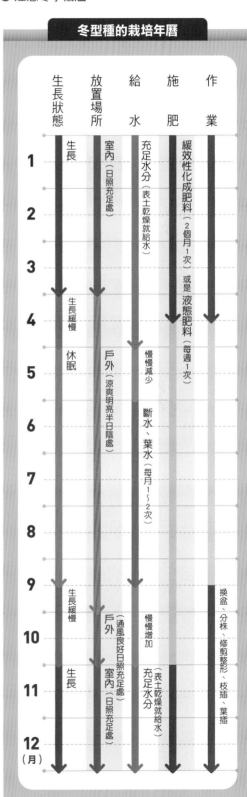

冬型種的栽培年曆

月	生長狀態	放置場所	給水	施肥	作業
1	生長	室內（日照充足處）	充足水分（表土乾燥就給水）	緩效性化成肥料（2個月1次）或是液態肥料（每週1次）	
2					
3					
4	生長緩慢		慢慢減少		
5	休眠	戶外（涼爽明亮半日陰處）			
6			斷水、葉水（每月1～2次）		
7					
8					
9	生長緩慢	戶外（通風良好日照充足處）	慢慢增加		換盆、分株、修剪整形、枝插、葉插
10					
11	生長	室內（日照充足處）	充足水分（表土乾燥就給水）		
12					

　　生長適溫在5〜20℃。是適合生長在冬季的多肉。春秋生長會變得十分緩慢，夏季則是休眠。雖說是在冬季生長，但很怕結霜的寒冷，所以並不能說它是很耐寒的種類。

　　它們也是會被霜降凍傷，冬夜裡儘量放置室內，別讓它們結凍，也要注意不要過於缺水。好天氣的白天可放置戶外日照充足的地方。夏季可放在明亮半日陰的地方管理，避免雨水及陽光直射。

選苗的方法

要跟魅力十足的多肉植物長期相處，首先要挑選出健康有朝氣的幼苗（植株）。要避開最下方的葉片掉落、葉色偏淡的幼苗。從植株的各種角度來——檢查吧。

檢查幼苗狀態的重點

✅ 是否有病害蟲附著

✅ 莖節是否有空隙
避免挑選莖節過長或徒長的幼苗。

✅ 下葉是否有傷

✅ 是否有放名牌
確認名牌上的品種名非常重要。可以確認植物名字和生育型別，好好保管名牌別丟掉。

✅ 是否有長出原本的形狀及葉色
多肉植物有許多有個性的形狀，事先了解每個多肉原本的形狀和顏色很重要。可以事先看圖鑑，或是直接找店員洽詢。

購買幼苗後的整理小技巧

從無陽光照射的賣場買回幼苗，回家直接放在陽光直射的地方會造成「葉燒」。

1 準備3張市售的面紙，皆1分為2。

2 將撕開的3張面紙覆蓋在幼苗上，噴點水以防面紙飛走。

3 2～3天後把面紙1張張拿掉，大約7～10天左右讓幼苗慢慢照到陽光，習慣新環境。

❝第一次開始栽培多肉植物的時期❞

初學者開始栽培的最佳時機點，與其在夏冬季，比較推薦在氣候穩定的春秋季開始。而且有較多春秋季的種類會在店面販售，可以選擇喜歡的植株。

買來的植株多少有點雜亂，不過可以重新整理（P30），有喜歡的形狀或葉色時就直接購入吧。

多肉植物賣場

栽培用土

要栽培多肉植物，多孔隙的土是最適合的，不過光單種類的土很容易讓植株倒塌，需要準備比重較大的土來混合出理想的培養土。一開始可直接使用市售的栽培用土。

自己調配栽培用土

　　多肉植物給人強健又好養的印象，不過不當的管理會使多肉枯萎。多肉植物在不同的生長期有不同的乾燥期，比起使用花草、庭木和花木用土，我們將重點擺在排水性來混合栽培用土。

　　栽培用土有可吸收溶於水的無機介質，以及支撐植物的用途。良好的養分吸收，除了體積及吸附面積越大越好，多孔隙的培養土是最適合的。有許多微細孔，空氣可進入孔洞內，外觀的比重看起來比較輕。

　　具體來說有蛭石、珍珠石、泥炭土、椰纖、椰塊活性炭等介質。不過光用單一的培養土太輕，要維持植株直立有點困難，只要適當混合砂石或赤玉土等比重較大的介質，就能配調出理想的培養土。

◆ 排水性佳的配方土

種類不同容易過度排乾水分，還是需要緩慢地給水。較適合塊莖植物或大盆栽等容易腐根的多肉植物。

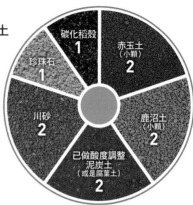

碳化稻殼 1／珍珠石 1／赤玉土（小顆）2／鹿沼土（小顆）2／已做酸度調整泥炭土（或是腐葉土）2／川砂 2

◆ 保水性佳的配方土

不易排乾水分，不需要頻繁澆水，休眠期過濕會造成腐根，要注意勿過濕。適合蘆薈和翡翠木等根多的多肉植物。

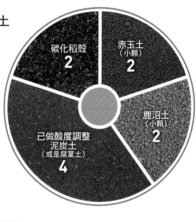

碳化稻殼 2／赤玉土（小顆）2／鹿沼土（小顆）2／已做酸度調整泥炭土（或是腐葉土）4

◆ 基本用土

赤玉土（小顆）
將火山灰土的赤土做成顆粒大小，透氣性、排水性、保水性和保濕性佳。

鹿沼土（小顆）
櫪木縣鹿沼地區的特產。酸性土，透氣性和保水性佳。

川砂（或桐生砂）
花崗岩磨成的砂。桐生砂則是產自火山砂礫，因含有大量的鐵，所以顏色是帶點紅色的黃褐色。排水性和保水性佳。

輕石
火山性多孔隙的砂礫排水性佳，也有適度的保水性。不僅重量輕，強度也夠。

◆ 改良材的種類

泥炭土
水苔類堆積成泥炭化的土。性質偏酸且幾乎不含微量要素。

珍珠石
多孔隙重量又輕的人工砂礫。透氣性及排水性佳。但保水性和保肥性不太好。

碳化稻殼
將稻殼碳化製成的產物，透氣性和保水性佳。因為是鹼性，和其他介質混合可中和酸鹼度。

沸石
多孔隙的石頭，和其他介質混合有淨化水的作用。鋪在盆底可防止腐根。

運用市售的栽培用土

多肉植物和仙人掌用的培養土很容易在花市或網路購得。大多顆粒較粗，以容易排水的輕石為主。使用時混入一半的花草培養土會比較好。

市售仙人掌・多肉的土

市售花草用培養土

（混入一半的花草用培養土）

市售的蟹爪蘭用土

蟹爪蘭是森林性附生植物，喜歡透氣性佳的用土，一般仙人掌會以川砂為主要用土，很容易造成腐根。因此混入適量的輕石、珍珠石和沸石等其他介質，就能調配出適合栽培蟹爪蘭的培養土。

"苗土狀況很差的情形"

剛買來的苗土狀況很差，（取出時要小心勿斷根）就直接來換盆吧。此時的換盆，並不是真的要換盆器，而是要「換土」。

作業前請先確認是否為適合換盆的季節再開始換盆。若是在非換盆時期作業，有可能會傷到植株或造成枯萎。

另外，用土內若含有乙酸乙烯酯成分的木工用白膠而呈現凝固狀時，澆水就能把用土鬆開。

基本培育法 ❸
肥料

換盆時要使用遲效性肥料當作基肥是基本作業。看是要用3要素等量的緩效性化成肥料（配方比N-P-K=8-8-8等）或氮氣成分偏多的液態肥料（配方比N-P-K=7-4-4等）都可以。

用少量肥料養育

換盆時施加的基肥，是用堆肥和遲效性化成肥料混合而成。為了生長旺盛，光用基肥不夠事後再追加的肥料就叫追肥。追肥需要即效性，但肥料濃度過高要小心反而會把植株弄死。

◆ 肥料的種類

緩效性化成肥料

當作基肥和追肥非常方便。化成肥料是N-P-K=8-8-8（圖左）的配方比，不使用高度化成肥料。追肥則是用速效性的液態肥料比較有效。

固態肥料

為了讓它溶解於水，稍微埋進土裡。

施加一點肥料，可讓葉片在秋季染上漂亮的紅葉。若肥料在晚秋才開始奏效，紅葉就無法染上漂亮的顏色。

基本培育法 ❹
選盆

多肉植物使用排水性佳的介質，建議使用塑膠盆或漆盆。塑膠盆質輕搬運也方便。

🔘 選用適當大小的盆器

選用比植株還要大上2～3cm的盆即可。若選用剛好的尺寸，盆底的排水孔要選大一點的會比較好養。根粗又長的植株，選用深盆會讓根長得較好，生長得更好。

盆底沒有排水孔的盆器排水性較差較不建議使用，若要使用記得要在盆裡鋪上一層可遮住盆底防腐根的沸石或珪酸鹽白土，再把其他培養土鋪上去。

◆ 盆的種類

塑膠盆
雖然透氣性不佳、澆水次數也要減少，但質地輕方便搬運。

漆盆
盆的表面有上釉藥，排水性和透氣性不佳，澆水次數也要減少。但外表美觀很適合當觀賞用植栽。

泥盆
適合給擔心會腐根的初學者使用，但容易乾燥，需要調配適當的介質和勤澆水。

◆ 適當大小的盆器和形狀

比植株大上2～3cm

盆底的孔洞要大

深盆（根長的情況）

基本培育法 ❺
放置場所

日照充足的地方可說是培育植物最理想的場所。

🔘 放置場所補足陽光的小技巧

不管是放在陽台或是凸窗，在住宅區因為有其他建築物的遮蔽，日照並非這麼充足。此時就可利用反射光。在植物的北側或盆底擺上鋁箔製的反射板。光是這點小技巧就能讓日照更充足，盡可能讓流明度在1～2萬左右，可照足4小時以上。

不足的部分可用人工光線（LED或螢光燈）來補足。

一天內至少要讓植株曬4小時以上的光線。建議放在淋不到雨的屋簷下或陽台上，盆器要放在架上，不可以直接接觸地面。

放室內則是用螢光燈等光線來補足。

澆水方法

澆水方式須配合生育型別。生長期等用土乾後補足水分，休眠期及生長緩慢的時期則控制澆水量。聽說多肉植物很耐乾，澆太多水會容易腐爛，真的是如此嗎？

不枯萎的澆水注意重點

　　基本上多肉還是植物的一種，用土乾了就會造成枯萎。土壤還是需要一定程度的濕氣和水分，絕不能完全無水。不過番杏科和塊莖多肉在休眠期澆水會造成腐爛，這點務必要注意。

　　不吸水的休眠期澆水會導致腐根，但也有澆了水失敗的時候。必須配合生育型別來澆水。在生長期等缽土表面乾燥再補足水分，休眠期控制水分只給葉水，並給予規律的作息。

◆ **生長期給水方式**
生長期必須給予充足的水分。用蓮蓬頭花灑灑滿整個植株，直到盆底排水孔流出水分為止。

◆ **休眠期給水方式**
休眠期要斷水或是缺水時只給葉水，讓表土稍微濕潤。依種類不同，每個月用噴水器輕輕噴點葉水即可。

放盆栽的盤子鋪上不織布，是讓盆栽不缺水的小技巧。

埋在砂礫裡的盆栽，在自然的環境下生長。埋進砂礫裡，可保證盆底的根不會乾枯，可生長得很好。

❝ 不缺水的小知識與小技巧 ❞

　　植物不澆水就無法生存。特別是無法從地底汲取水分種在盆栽裡的植物更需要控管水分。一旦盆裡缺水，新根就會枯萎，枯根無法吸水就會開始腐根。也就是說絕對不能讓根枯掉。若你養在公寓的陽台上，規定不能把盆栽放在地面上好像有點強人所難。

　　此時就可以再準備一個比盆大的盤子，鋪土進去後澆濕，盤上再擺上多肉的盆栽。盤上的土要保持濕潤絕對不能乾燥，如果無法從盆上給水，至少還能從底部汲取水分。

　　如果無法在公寓放泥盤，可用海綿或不織布等吸水性較佳的布料代替泥土，看起來比較有設計感也較美觀。

渡夏與渡冬

培育多肉植物，還有分成夏季與冬季的「渡夏」及「渡冬」，是很重要的栽培重點。

◆ 渡夏的重點

在日本夜溫不易下降又高溫多濕的夏季，對春秋型和冬型的植物來說，是生存困難的時期。必須配合天氣的狀況給水。

夏型的塊莖植物，要儘量避免盛夏的陽光長時間直射，做好遮光措施。

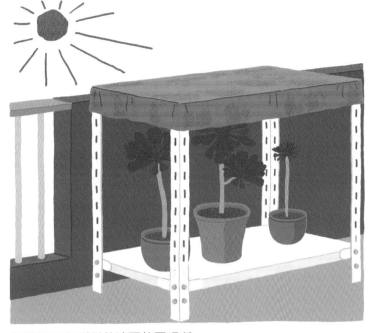

春秋型和冬型種的渡夏放置場所

避開雨淋和陽光直射，放在乾燥的半日陰處。特別是蓮花掌屬等怕熱的種類要多留意。

◆ 渡冬的重點

怕冷的夏型和春秋型，在冬季可放在室內的窗邊管理，可透過窗戶照射到充足的陽光。

冬型也絕不是完全不怕冷。它們很怕結霜的溫度，必須放在室內較溫暖的地方。不過也不能單純放在溫暖的地方，溫度太暖會讓植株產生錯覺準備進行休眠，可趁天氣好的白天，放在戶外吹吹冷空氣。不過到了傍晚要記得拿進室內管理。

夏型、春秋型和冬型種的渡冬放置場所

可以放在室內日照充足的地方，但切記勿放在暖氣吹得到的地方。記得每週至少要把盆栽做180度轉動，讓植株完整照射到陽光，保持植株完美的樣子。

病害蟲害對策

病害蟲害對策最重要的就是預防。平常就要仔細觀察，發現病害蟲害就要立即處理。及早發現及早治療。

病害蟲害的防治法

即使沒有病害蟲害，每個月至少要在固定時段噴灑一次殺蟲劑和殺菌劑，特別是容易附著在多肉植物的介殼蟲就能先行驅除。

換盆時在用土裡混入乙醯甲胺磷殺蟲劑，可以防治蚜蟲、介殼蟲和斜紋夜蛾等害蟲。只要防治害蟲，就能預防其他傳染病。

蚜蟲和蟎蟲可噴殺蟲劑防治。不用怕冷害，只要靠近重點部位噴灑即可。

❝ 病蟲害的治療和處理 ❞

得到病害或蟲害時，多肉植物可以直接從身上的一部分直接分株複製，只要切下健康的部位，用枝插法繼續培養，還是可以養出全新的個體。

相反地也可以切除患部保留健全的植株。塊莖植物的莖頭部位若腐爛了，也可以用這種方法再生。

◆ 病害蟲害的種類

介殼蟲

會附著在葉、莖和花莖上吸汁。透氣性不佳時很容易引來這種蟲。可用牙刷驅除，或用滲透移行性藥劑（※）驅除。

※藥劑會被根葉吸收，可驅除食害植物的害蟲。

吹棉介殼蟲

附著在葉間小小的蟲，像被棉花覆蓋的白色小蟲很容易被發現。發現後立即驅除，也可用滲透移行性藥劑驅除。

蛾

蛾的幼蟲會對新芽和花蕊造成食害。若在葉上看到蜘蛛網狀的東西就要小心。要撲殺幼蟲，在花苞尚未綻放前要噴灑滲透移行性藥劑。

蝸牛、蛞蝓

會食害花苞、花和新芽。一發現（蛞蝓通常常在夜間行動）要撲殺的同時，殺蛞蝓劑也要一同併用。

發霉、軟腐病

梅雨季很容易發生發霉或是葉片腐爛發出惡臭的軟腐病。趁傷害還未擴大，切除腐爛的部位再用殺菌劑消毒，換過全新的用土，若傷害已擴大則將用土完全捨棄。

腐根

如果放置不管已經腐根的植株，子株也會枯萎。必須將沒枯掉的子株切斷用新的用土栽種（➡ P25）。

◆ 藥劑的用法

避免藥劑直接觸碰到根部，須在藥劑上再鋪一層用土再種植株。

-2-
多肉植物的
繁殖法

多肉植物的繁殖力旺盛，又可簡單繁殖是它的魅力之一。可以享受養大後再繁殖的樂趣。繁殖的同時還可整理雜亂的植株。

不失敗的多肉植物繁殖法

繁殖有分兩種，一種是從植物的種子進行繁殖的種子繁殖（有性繁殖）；一種是用枝插或分株的營養器官繁殖（無性繁殖）。若不需要大量繁殖就用營養器官繁殖。

這又分為**枝插**、**葉插**和**分株**三種方法，不易失敗且能簡單繁殖，還可順便整理雜亂的植株。可依不同時期按照植株種類的生長期進行繁殖。

多肉植物的繁殖法 ❶
枝插

適合木立性的植物，生長得比葉插還要快是優點。方法是從母株切取枝節當枝插，沒有枝節的話，可從主軸上隨意切下一塊當枝插。剩下的主軸會從下部長出許多分枝，可當作下次要繁殖的插穗。

枝節切下後若斷面較小可直接插進土裡，斷面較大則要等4～5天斷面乾後再枝插。可在斷面使用開根劑或殺菌劑再進行，成功率較高。

▲插穗的莖和芽儘量不要彎曲，可放在塑膠盆裡直立風乾。

可以枝插的主要種類

伽藍菜屬「月兔耳」

青鎖龍屬

風車草屬

景天屬「乙女心」

翡翠木

枝插重點

● 插穗可選用年輕生長旺盛且無病害蟲的部位。

● 插穗的切口須放置半日陰處並完全乾燥（※）。
　※只有蓮花掌屬和千里光屬於初秋時容易發根，可切下直接枝插。而適合在氣溫偏高進行繁殖的大戟屬，用水清洗一下從切口流出的白色汁液即可直接枝插。

● 使用鋒利的刀刃，為了不讓病菌從切口進入，切除前須消毒。切口可使用開根劑、乾燥劑或殺菌劑。

● 有長下葉的枝節要先把下葉摘除（摘下的葉片也可拿去做葉插）。

● 使用全新的用土。

● 枝插後不要馬上澆水，要斷水約4天～一週的時間。

● 枝插後要放在不會直射陽光但明亮的地方進行管理。

◆ 胴切枝插

擬石蓮花屬「黑王子」

切下主軸強制分出子株的繁殖法。把切下的上半部當作插穗使用。是不易群生（從母株長出子株）的種類所使用的繁殖法。

1 沒有枝節的母株，可選擇主軸上喜歡的部位（上半部可利用的部分），使用釣魚線來進行胴切。

2 剩下的植株切口在乾燥前勿碰觸水分，直接培育，會從幹部長出許多分枝，可用在下次繁殖。

3 切掉的上半部要等4～5天斷面乾燥後，再鋪上新的用土插入盆內栽種。

◆ 枝插（下葉掉落的植株）

椒草屬「幸福豆椒草」

此種方式最適合把生長中但下葉掉落的植株和已經雜亂無章的植株，修剪整形成完美的樣子，可以利用剪下的枝節進行繁殖。

1 為了要插穗，可把長出的枝節前端的莖距離約1cm處剪下。

2 切下的插穗，要放在通風處等切口乾燥。

3 等1～2週看到有發根跡象時，小心別傷到根，種進盆栽內。要使用多肉植物培養土用的介質，再等5天～1個禮拜再進行澆水。可在盆內插穗1枝或插入數枝培育。

◆ 枝插（滿盆的植株）

大戟屬「姬麒麟」

植株已長滿盆，沒辦法再培育新的植株時就可用這種方法，要在氣溫偏高時進行枝插。

3 洗掉汁液的插穗可以不用乾燥就直接插入用土中。
要使用多肉植物專用的培養土，5天到1週後再開始澆水。

1 為了取出插穗，必須剪下長滿枝節的分枝。若不把枝節剪下會照不到陽光，必須把分枝全部都剪乾淨。

2 切口流出白色汁液有會影響發根的成分，切下後直接泡水30分鐘洗乾淨。

分株法

生長時會長出許多小小子株的多肉種類，可以用分株來繁殖。滿盆時再來分株吧。群生和匍匐莖的種類也適用於分株。可分成1株或是數株，像景天屬這種呈現地毯式生長的種類，各分成數株會比較好。

▲子株已生長到一定的程度，雖然很少會失敗，但還是要小心作業，避免傷到植株。

可以分株的主要種類
（會長子株的種類）

二卷屬
「達摩玉露」

肉錐花屬
「劇場玫瑰」

生石花屬
「福來玉」

長生草屬
「卷絹」

擬石蓮花屬
「樹狀石蓮」（綴化）

分株重點

● 這是從一個植株上分割成2株以上的繁殖法，番杏科的生石花屬和肉錐花屬等沒有莖的種類，可以用美工刀縱向將莖切開分株。

● 切口偏大的植株，要先放在通風良好的半日陰處，等切口乾了再栽種。

● 有根的子株，必須用新的用土馬上栽種。

● 春秋型種適合在3～5月、9月下旬～10月上旬分株；夏型種在4～8月；冬型種在9月上旬～隔年3月。

群生種 ❶

十二卷屬

十二卷屬的多肉會從母株周圍長出子株，生長成一個大植株，芽只有一個（單頭）的狀態會比較漂亮。可以定期分株維持完美的形態。

1 將植株從盆裡拔起剝掉泥土，把匍匐莖打結的部分解開。

2 葉與根連結的狀態分成5株。

3 用新土種植。

4 因為是在會發根的時期進行分株，種植後要馬上澆水。

群生種 ❷
生石花屬

生石花屬會從裂縫中長出新芽，會一邊脫皮一邊生長。不須硬要分株，在秋季可直接從中心軸分株。

1 將植株從盆裡拔起剝掉泥土。

2 用美工刀從中心軸的部位切成兩半。要注意別切到生長點。

3 要維持植株的平衡，用新的泥土將植株種在盆器正中央。

4 若是用胴切造成植株傷口較大時，一個禮拜後再澆水，或是長到像圖中這樣再澆水。

群生種 ❸　**擬石蓮花屬**

母株的周圍長出子株，群生狀態已滿盆的擬石蓮花屬（七福神變種）。

1 將植株從盆裡仔細拔出，鬆開根部剝開泥土，將帶根植株一一分開。

2 包含左邊的母株共分成7個植株。接下來整理老根和枯葉，用新土把植株一一種進去，4～7天後再澆水。

匍匐莖　**長生草屬**

從母株長出匍匐莖生長出子株的長生草屬。

1 用剪刀剪掉匍匐莖分出子株，留下幼小的子株。

2 用新土重新栽種。也可配合子株的尺寸將數株一同栽種。等4～5天後再進行澆水。

葉插（葉孵）法

葉片偏小的多肉植物用葉插是最簡單的繁殖法。適合葉片可輕鬆取下的種類。生長出來需要一段時間。葉插所使用的葉片，要從植株底下挑出沒有傷痕又飽滿的葉片，但葉片上若沒有根就不會發根，因此在摘葉的過程中要小心不要失手斷根。

▲景天屬和擬石蓮花屬的多肉，摘下葉片插在泥土上就會發根長苗。可利用這種方式得到較多的幼苗。

可以葉插的主要種類

臥牛屬「聖牛殿錦」

天錦章屬「神想曲」

月美人屬「月美人」

風車草屬「Yerou Belle」

葉插重點▶

● 葉插所使用的葉片，必須是無傷也沒被病害蟲侵蝕，飽滿又新鮮的葉片。特別是長在花軸旁的葉片，要避免使用變色的葉片。

● 葉插法是常用於景天科和十二卷屬多肉的繁殖法，但也有像是龍舌蘭屬和蘆薈屬等無法進行葉插的多肉。

● 長在莖上的葉片要輕輕摘下，若葉片在中途破碎就不會發芽及發根，要小心摘取。

● 要使用培養土和川砂等用土，並且只需要輕輕放在土上即可，不可以深植。

● 葉插後放置在半日陰的涼爽處，直到發根前都不需給水。

● 要使用新的用土。

◆ 葉插用的摘葉法

胴切下來發芽的下葉，可以從切下的植株上取下多數的葉片。要注意若摘下的葉片上沒有根就無法發根。利用釣魚線就不會把葉片上的根弄斷，比較不會失敗。

擬石蓮花屬「黑王子」

胴切後的（➡ P23）「黑王子」上半部。

1 用釣魚線套住葉片，往後拉就能把葉片一片片取下。

2 用釣魚線可確實將葉片從莖上取下。

3 可從胴切後的下半部植株摘下葉片。拉住葉片往莖的方向拉。

4 胴切後分成上下半部，可取下許多插穗。

5 輕輕將葉片並排在換過新土的盆內。放在半日陰且涼爽的地方，過3～4天後再澆水。發根後把根部埋住土裡即可。

"實生"的樂趣

多肉植物可以從實生中繁殖培育。從自己摘取的種子開始培育，更能感受到與植物的親密感。知道母株的背景也能更加安心。

要確實取下種子，就要從多肉植物開花後授粉交配。時機點就在於花粉很多的時期，因花期不同，所以要仔細觀察開花的情況。從雌蕊取出花粉與同一個植株受粉也能取得種子，但儘量使用其他同種植株的花粉會得到較結實的種子。

雖然2個植株要同時開花的機會很小，但不同種類的開花期有些許不同，至少要培養2個植株，還是會有同時花的機會。有兩株就可互相授粉，可從兩邊的植株取得種子。兩株若為異種，可做出交配種，還有可能做出自己研發出的新品種。

授粉後，果實成熟就能取得種子。用保鮮膜蓋上，在發芽前的一個禮拜用腰水法（※）避免乾燥。發芽後撕開保鮮膜，移開水盤。等到發芽後本葉長出3～4對，就能分成數株種在盆器裡，有時等發芽要等到1年以上，要耐心等待。

※長時間將花盆浸在盛水的水盤中。

播種重點

● 取下種子後要馬上播種。
● 不馬上播種要放冰箱冷藏保存。
● 不用覆土。
● 直到發芽前都要避免乾燥。

利用密閉容器

也可以直接買市售的種子。密閉容器有蓋子可保持濕度，可以讓種子順利發芽。將培養土（泥炭土或蛭石）鋪進容器內，充分浸濕後播種，蓋上蓋子。放在日照充足溫度25℃的地方，等待發芽。

◆ 交配與取種方式

1 用毛筆伸入其他植株的雌蕊取出花粉。

2 在標籤上寫下父株和母株的名字以及授粉日，將其掛在交配的花上。

3 結果後趁種子尚未飛散前將花柄剪下。

4 用網目較細的濾茶器，把種子和花梗篩開來。

◆ 播種方式

1 在3號盆器裡鋪進乾淨的用土，充分淋濕備用。

2 將一小撮的種子均勻地撒在土上，不需覆土。

3 插上標籤，蓋上保鮮膜，水盤注入水。

4 發芽後將數株幼苗轉種到其他盆器上。

換盆

生長緩慢的多肉植物也需要換盆。植株有時會長得比盆栽還大、盆底已長滿根無法讓新根繼續生長、培養土已經無法再吸水排水，此時就需要換盆。如果不換盆，根部的分泌物容易附著在植物上產生病蟲害，泥土也會阻礙植株生長，就是俗稱的連作障礙。為了預防此種情況發生，就要進行換盆和換新的培養土。

一年至少要換盆一次，生長速度快的植物一年也要換兩次，開花結果會更順利。

需要換盆的植株

▲長得比盆栽還大的植株。

▲即使施肥澆水都不再生長的植株。

▲徒長且發育不良的植株。

▲根系過度發達，澆水也吸收不了，葉尖已經枯萎的植株。

換盆重點

● 從盆邊倒培養土時，像是葉片表面有白粉覆蓋的擬石蓮花屬·雪蓮等植株，要注意不要碰到葉面，以防止白粉落下。
● 幫刺很銳利的龍舌蘭屬換盆時要小心別被刺傷。
● 換盆的植株要放在原本培育的地方管理，不要隨便變換生長環境。
● 長出新根時進行換盆，對後續的生長會比較好。

◆ 換盆（單幹）

擬石蓮花屬「花麗」×林賽交配種

適合換盆的單幹植株。植株長大或培養土劣化時就可換盆。

2 儘量用培養土填滿縫隙。盆栽大小要能剛好放入植株尤佳。

1 從盆裡取出植株，用手剝掉泥土、老葉和老根。

3 給水後換盆即完成。

◆ 換盆（群生）

擬石蓮花屬「樹狀石蓮」

群生成大型植株固然有趣，若不希望它再繼續生長，就要準備幾個之後想要培育的大小的盆器，順便整理一下長太多的枝節。慢慢從盆底的外側和下半部拆解，再用全新的培養土栽種。

1 莖長得過高可進行修剪整形。

2 修剪整形後的莖前端可當插穗來使用。

3 將植株從盆內取出，慢慢剝掉用土除掉老根，讓新根繼續生長。

4 將新的培養土鋪進盆裡。將培養土毫無間隙地填滿盆栽中。

5 換盆後立即澆水。修剪整形後的莖還可群生。剛剪下來的苗也可做枝插。

◆ 換盆（根系過度發達）

Gastrolea（臥牛×蘆薈交配種）

太久沒換盆會造成根系過度發達，吸不到水分而發育不良。如果放置不管不只是母株，連子株也會發育不良而枯萎。從外觀看到葉片皺巴巴的且葉色不佳，有可能是根系發度發達的機率很大，需要進行換盆。

1 觀察從盆器取出的植株的根。去除老根讓新根生長。

2 將新培養土毫無間隙地填滿盆栽。

3 長出新根的植株，換盆後要澆水。沒長出新根時，就要停止澆水直到發根為止。發根後就開始慢慢給水，也可以漸漸照些日光。

良好的生育管理 ❷
重新整理

換盆的時候，植株的形狀長不好就可以重新整理，整理一下外觀。修剪整形成或大或小，都可以重整成喜歡的樣子，在換盆的同時，也把形狀雜亂的植株修剪整形一下吧。想要把植株養得更大，就先把枯萎有傷的莖葉切除，換至比植株大一圈的盆裡；想把植株改小一點，就把莖拿來做枝插（➡ P22～23）。

即使挑到喜歡的植株狀態變差了，還是可以讓它重新整理變身成美麗的形態。細長柔弱的徒長狀態，對病害蟲的抵抗力會變弱。造成徒長的原因是光線不足。重新整理讓植株充分照射陽光，培育成強健的植株吧。

蓮花掌屬「黑法師」

在喜歡的位置修剪整形。前端留下3～4片葉子，當作插穗使用。剩下的莖就等到長出腋芽。

◀前端當作插穗後，又長出新子株的植株。

◀剩下的莖長出腋芽的植株。

−3−
多肉植物的
組合樂趣

多肉植物有各式各樣的尺寸、形狀和顏色。依照各個植株的特性進行培育，就能享受獨特的多肉世界。

養在盆裡慢慢培育欣賞它成長的模樣，選購生長周期和生長方式相似的植株會比較好。若不想區分生育型別來組盆時，建議儘量選擇耐寒性的種類組盆。

照片上的組盆，是以擬石蓮花屬（春秋型）為主，再搭配景天屬、長生草屬和 Graptoveria 屬等生育型別同樣是春秋型的多肉，管理起來較為方便的組盆。

A 擬石蓮花屬「白鬼」
B 風車草屬「美麗蓮」
C 青鎖龍屬「火祭」
D 伽藍菜屬「蝴蝶之舞」
E 擬石蓮花屬「多明戈」
F 擬石蓮花屬「弗蘭克」
G 景天屬「大唐米」

◀ 以灰藍色復古色調的擬石蓮花屬「白鬼」為主軸組合的大盆。增添色彩的是青鎖龍屬「火祭」的葉色和風車草屬「美麗蓮」的紅色星形花。景天屬「大唐米」的深綠色和「蝴蝶之舞」的亮綠色融合了整體觀感，令人百看不膩。擬石蓮花屬呈蓮座狀展開的葉片中心，會長出花莖並綻放小小的花朵。

用大盆享受
多肉植物的多變造型

作品製作・古賀有子

　　微妙的色階搭配，擁有多彩葉色和獨特形狀的多肉植物。來試著組合出講究外觀軟硬度質地的大盆吧。

　　可養在戶外通風良好日照充足的地方，但要避開連日的雨天。冬天則要移至日照充足的室內。生長緩慢的多肉植物，如果莖長得過長造成視覺不協調，就修剪整形並用新的培養土換盆，經過4～5個月的悉心照料就可以養很久。

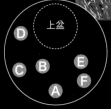

上盆

下盆

▲ 重疊2種容器做出顯眼又有高低層次的組盆。2個容器內都放入下垂的厚敦菊屬「紫月」，營造出統一感。

A 擬石蓮花屬「月河」
B Ledebouria屬「豹紋」
C 擬石蓮花屬「花筏」
D 厚敦菊屬「紫月」
E 仙女盃屬「海瑟」
F 露子花屬「夕波」
G 龍舌蘭屬「geminiflora」

Ⓐ 龍舌蘭屬「黃斑龍舌蘭」
Ⓑ 擬石蓮花屬「黑爪」
Ⓒ 伽藍菜屬「方仙女之舞」
Ⓓ 八寶屬「Cauticola」
Ⓔ 蘆薈屬「Flamingo」
Ⓕ 照波屬「黃花照波」
Ⓖ 虎尾蘭屬「青蟹虎尾蘭」

▶ 多肉植物給人忍不住想要去觸摸的柔軟，以及豪壯堅硬的兩種印象。葉色和形狀等多樣化的品種很值得做成組合盆栽。以長條葉片的龍舌蘭屬「黃斑龍舌蘭」和蘆薈屬「Flamingo」為中心，與周圍被褐色毛茸茸的毛覆蓋住的伽藍菜屬、擬石蓮花屬和虎尾蘭屬互相爭豔。再用八寶屬的「Cauticola」裝飾在帶有日本和風的瓦片容器邊緣。

Ⓐ 月美人屬「東美人」
Ⓑ 千里光屬「綠珍珠項鍊」
Ⓒ 銀波錦屬「銀之鈴」
Ⓓ 青鎖龍屬「紅稚兒」
Ⓔ 樹馬齒莧屬「雅樂之舞」
Ⓕ 擬石蓮花屬「七福神」
Ⓖ 蘆薈屬「Flamingo」

◀ 多種形狀的多肉植物，組盆時會襯托彼此形成不可思議的景色。秋天會呈現美麗的紅葉而眾所皆知有木立性的青鎖龍屬「紅稚兒」、蘆薈屬「Flamingo」和月美人屬「東美人」的有趣姿態十分吸睛。後方的樹馬齒莧屬「雅樂之舞」也會往四方不定形生長。容器則是使用手作的霧面盆器。

3
多肉植物的組合樂趣

大盆享受 ● 多肉植物組合作品

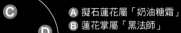

Ⓐ 擬石蓮花屬「奶油糖霜」
Ⓑ 蓮花掌屬「黑法師」
Ⓒ 擬石蓮花屬七福神的交配種
Ⓓ 大戟屬「無刺麒麟花」

◀ 多肉植物裡也有會開出鮮豔花朵的品種。有著黑紫色葉色的蓮花掌屬「黑法師」搭配上大戟屬「無刺麒麟花」，營造出花草的感覺，靜謐的葉色與紅色的花，是個互相輝映的大組盆。做為主軸的是擬石蓮花屬「奶油糖霜」，花莖往上攀升的是擬石蓮花屬七福神的交配種。

▲ 運用不同葉色做出華麗的組盆。很多多肉植物都是單純往上生長，呈現地毯式擴散生長的景天屬，很容易營造出份量十足的感覺。好養又強壯，和其他多肉比起來價格也比較便宜。利用深缽種滿多種景天屬，看起來就很茂盛。種植花開起來很漂亮的景天屬「薄化妝」，到了開花的季節整個氣氛就會大改變。

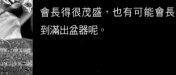

◀ 一體成形的盆器與盆座上盛裝著好吃水果，看起來就像是糖煮水果甜點。以這種概念用各種色彩鮮豔的多肉植物進行組盆。這種有點高度的大盆栽種垂下生長的千里光屬「綠珍珠項鍊」更有效果。生長緩慢的多肉植物，養育時間拉長，就會長得很茂盛，也有可能會長到滿出盆器呢。

Ⓐ 擬石蓮花屬
Ⓑ 樹馬齒莧屬「雅樂之舞」
Ⓒ 千里光屬「綠珍珠項鍊」
Ⓓ 吹雪之松屬「櫻吹雪」
Ⓔ 風車草屬「朧月」

Ⓐ 十二卷屬「斑馬鷹爪」
Ⓑ 擬石蓮花屬「特葉玉蓮」
Ⓒ 景天屬
Ⓓ 擬石蓮花屬「花司」
Ⓔ 景天屬「薄化妝」
Ⓕ 景天屬「覆輪圓葉景天」

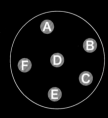

▲ 這是個把形狀和高度都不同的多肉植物
匯集在一起的大組盆。景天屬多肉是個單
株做點變化就很有趣，也有許多色調有個
性的品種。這裡以黑葉聞名的蓮花掌屬
「黑法師」的植株襯托景天屬「虹之玉」使
其更鮮明。而且兩者的葉色都要靠日照才
會轉色。景天屬和青鎖龍屬在夏季充分照
射到陽光，葉片到了秋天會轉成散發出鮮
豔的紅色。

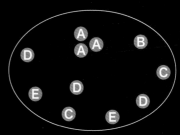

Ⓐ 蓮花掌屬「黑法師」
Ⓑ 青鎖龍屬「火祭」
Ⓒ 風車草屬「朧月」
Ⓓ 風車草屬「銅姬」
Ⓔ 景天屬「虹之玉」

Ⓐ 銀波錦屬「白眉」
Ⓑ Graptoveria屬「初戀」
Ⓒ 瓦松屬「岩蓮華」
Ⓓ 瓦松屬「子持蓮華」

以被白粉覆蓋的銀色大
葉片上有紅色葉緣的銀波
錦屬「白眉」為主，小小一
固卻有十足存在感的組
盆。多肉植物很適合用馬
口鐵的水桶來栽種，給人
長休閒的感覺，形狀又很
獨特，推薦擺設在小空間
內欣賞。

3

多肉植物的組合樂趣

大盆享受●多肉植物組合作品

35

作品製作・金沢啓子

組合盆栽 ❶

空鐵罐組合盆栽

用空罐可以輕易地鑽出排水孔，非常值得拿來
當作盆器。很適合第一次挑戰組盆時使用的容
器。外觀可以塗油漆，也可以從雜誌或型錄上
剪下喜歡的圖樣貼在罐上，只需花點小巧思，
就能把單調的空罐變身華麗的盆器。

🔸 準備的多肉植物

Ⓐ 景天屬「虹之玉」
Ⓑ Sedeveria屬「樹冰」
Ⓒ 青鎖龍屬「乙姬」
Ⓓ 青鎖龍屬「若綠」
Ⓔ 肉錐花屬「月花美人」
Ⓕ 景天屬「黃麗」
Ⓖ 蓮花掌屬「夕映錦」

🔸 準備用土、道具、小物

❶ 小顆赤玉土
❷ 超小顆赤玉土
❸ 鹿沼土
❹ 腐葉土

❺ 雜誌
❻ 英文報紙
❼ 空罐
❽ 木工膠
❾ 剪刀
❿ 鑷子
⓫ 竹筷
⓬ 攻牙

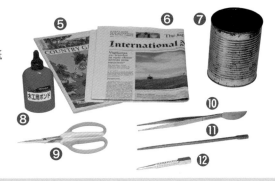

🔸 作法

1 用攻牙和鐵槌在空罐底鑽洞。

2 只要在空罐底中央有一個排水孔就已足夠。

3 雜誌剪出空罐的圓周長。

36

4 紙的背面塗上木工膠，貼在罐上。

鹿沼土

5 罐底鋪上不見底的鹿沼土。

腐葉土
赤玉土

6 混合小顆赤玉土和腐葉土，鋪在 5 的鹿沼土上。

7 用掌心輕拍罐底將罐裡的土敲勻。

根土

8 根土太多時適度將根土撥鬆。

9 決定好主角肉錐花屬「月花美人」的擺放位置。

10 除了青鎖龍屬「若綠」以外的多肉，和超小顆赤玉土混合種進容器內。

「若綠」

11 用鑷子夾起若綠後從縫隙中種進土裡。

12 所有多肉都種好後，用竹筷將土壤確實壓緊。

13 土壤壓緊後，用湯匙撈些超小顆赤玉土填平縫隙。

14 用花灑澆水直到容器底部流出水為止。

完成

15 用噴水器噴水在葉片上。

木框組合盆栽

利用類似畫框的木盒當作多肉植物的組盆，就像是在欣賞一幅畫。重點在於用不同葉色的品種像畫圖一樣做出組盆。使用輕量的椰塊當作介質，可以放在桌上或是掛在牆壁和柱子上營造出視覺上的立體感。

◉ 準備的多肉植物

Ⓐ 景天屬「高加索景天」
Ⓑ 青鎖龍屬「紅葉祭」
Ⓒ 千里光屬「綠珍珠項鍊」
Ⓓ 風車草屬「姬秀麗」
Ⓔ 擬石蓮花屬「大和錦」
Ⓕ Graptoveria屬「白牡丹」

◉ 準備用土、道具、小物

❶ 泥炭土（或用蘚苔）
❷ 椰塊
❸ 有框的木盒
　　或是直接買市售品
❹ 鑷子

◉ 作法

1 修剪莖過長的「白牡丹」。

2 慢慢將「紅葉祭」的根土撥鬆，也順便摘掉枯葉。

3 將大株的高加索景天的根土撥鬆分株。

4 剪掉「姬秀麗」雜亂的枝節。

5 把椰塊裝滿至邊框。

6 撥開一些椰塊，把主角「大和錦」種下去。

7 將修剪好的「白牡丹」和「姬秀麗」均等種在「大和錦」的周圍。

8 「紅葉祭」和有點高度的「高加索景天」配置在後方，呈現出立體感。

9 「綠珍珠項鍊」種在前面，表現出躍動感。

10 表面鋪上泥炭土，再用椰塊覆蓋住。

11 把在 4 修剪的「姬秀麗」種進縫隙內。

完成

12 細心澆水即可完成※。

※鑑賞以外的時間儘量放在戶外曬太陽。

吊籃組合盆栽

小小的吊籃裡種滿了多肉植物。利用S形勾，像壁掛一樣掛在牆面裝飾呈現立體感。掛在經常進出的玄關門邊也不占位置，可從側面或抬頭欣賞，就能觀賞到多肉不同的面貌。

準備的多肉植物

Ⓐ 伽藍菜屬「黑兔耳」
Ⓑ 擬石蓮花屬「青花麗」
Ⓒ 樹馬齒莧屬「銀杏木」
Ⓓ 擬石蓮花屬「黑王子」
Ⓔ 景天屬「變色龍」……小的2盆
Ⓕ Graptoveria屬「黛比」

準備用土、道具、小物

❶ 超小顆赤玉土　　❷ 小顆赤玉土　　❸ 腐葉土
❹ 小型吊籃　　❺ 麻布　　❻ 剪刀
❼ 鋼絲2條（粗3cm/長5cm）
❽ 鉗子（2種）

作法

1 一支鉗子用來固定鋼絲，再用另一支鉗子把鋼絲彎曲成S形。

2 把勾子掛在吊籃後方，掛在要裝飾的地方確認是否牢固。

3 吊籃內側鋪上麻布，把多出的部分剪掉。

4 倒入小顆赤玉土，再倒入超小顆赤玉土。

5 把多肉從盆栽內拔出，裝進吊籃裡調整位置。

6 確定好位置，一邊倒入超小顆赤玉土一邊依序種下。

7 空隙裡種下不同形狀的景天屬。

8 全都種好後，再用超小赤玉土填補空隙。

9 用掌心輕敲竹籃底把用土敲勻。

完成

10 澆水澆到底部流出水為止※。

※也可以掛在戶外淋不到雨的日照充足處。

小禮盒組合盆栽

在小小的鐵絲籃裡塞滿水苔，再種入插穗做出送人的禮物。使用了大量不同葉色的品種，體積雖小卻很華麗。放入漂亮的盒子內就變成厲害的禮物了。

❍ 準備的多肉植物

將紅葉的擬石蓮花屬、青鎖龍屬和景天屬等多肉，剪掉莖部做出的插穗。

❍ 準備用土、道具、小物

❶ 水苔
❷ 木工膠
❸ 青苔
❹ 麻繩（約1m）
❺ 小型鐵絲籃
❻ 小卡
❼ 剪刀
❽ 鑷子
❾ 竹筷
　※禮物盒

❍ 作法

1 將水苔充分泡水吸收水分，輕輕擠乾水分備用。

2 剪出1m的麻繩，先捲好備用。

3 用手掌將水苔揉成一球。

4 用麻繩把水苔球纏繞起來。

5 將麻繩打結並剪掉多餘的麻繩。

6 完成要插入多肉的底座。

7 將要鋪在底部的水苔揉成一球（右側）。

8 把一顆水苔塞進鐵絲籃裡，擠上木工膠。

9 把另一顆水苔放上去黏起來，用竹筷在水苔上戳洞。

10 插穗的莖上沾些木工膠，插進戳好的洞裡。

11 用鑷子夾起插穗，均勻配色插入水苔內。

完成

12 在表面鋪上青苔，再插上小卡※。

※鑑賞期限一個月，想要繼續養大的話，把多肉從水苔裡拔出重新種在土裡即可。

−4−
多肉植物圖鑑

總共有1萬5000種以上的多肉植物遍布在世界各地，形態千差萬別。其中有葉片是透明葉窗的多肉、莖上長刺毛的多肉，以及有突起物的多肉，有別於其他植物所沒有的特殊形態及各種形狀，十分有趣。本圖鑑將從最具代表性的種類到很熱門的多肉，依照科屬別一一介紹。會針對同類的特徵及養育的注意事項進行解說，還會附上年間照顧及作業方式的栽培年曆。

圖鑑的用法

多肉植物分成許多不同的科屬別，而且還有很多是園藝交配種，以致有龐大的品種數量。生長地包含了海岸、平地、高山、氣溫高的地方和雪地等各種場所，配合不同地域自力更生。本書將多肉植物以外觀形態進行分類。

外觀形態（以植物的多肉化部位）作區分

葉片多肉植物	莖多肉植物	塊莖多肉植物（莖根肥厚）	球根多肉植物（地下部肥厚）
（➡P43）	（➡P130）	（➡P162）	（➡P178）

先依照「科別」再按照屬名的英文字母順序排序（紙張關係有一部分順序會不同）。按照屬別整體的特徵和養育上的注意事項進行解說，代表性種類會附上照片做介紹。此外，科名是依分子生物學研究成果的APG分類法為準。

基本資料

Ⓐ **科名** …… 植物所屬的最大分類名稱

Ⓑ **生育型** …… 在日本養育時的生育型別

Ⓒ **根的種類** …… 以根是粗的還是細的作區分

Ⓓ **難易度** …… ✱簡單、✱✱有點難、✱✱✱難、✱✱✱✱特別難

Ⓔ **原產地** …… 主要生長的場所

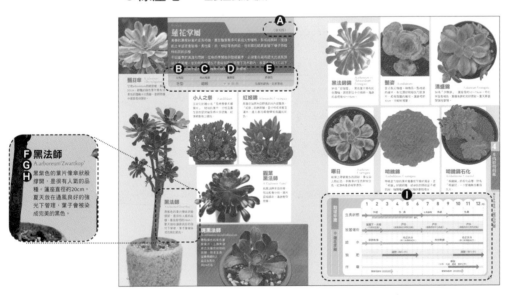

Ⓕ 植物名
……會從學名、日本名稱和園藝名稱中選擇最廣為人知的名字作註記

Ⓖ 學名標註
……依照屬名、種小名的順序註記。園藝品種名會用「標註」

Ⓗ 植物特徵
……記載照片中的植物性質、特徵和養育注意事項

Ⓘ 栽培年曆
生長週期、放置場所、給水、繁殖方法、施肥和噴灑藥劑等，都可透過年曆了解養育法。不過要考慮到栽培環境的不同，栽種時會有所落差（本書是以日本南關東市區為基準進行解說）。栽培年曆只會舉一種例子和最適合的生長週期，和本文的描述多少會有些相異之處。

Adromischus

天錦章屬

〔景天科〕

圓圓胖胖的葉片，個性化的模樣是充滿魅力的小型多肉植物，在南非開普州等地約有60個品種。在日照充足通風良好的地方保持乾燥會比較容易栽培。夏季休眠時要注意避免陽光直射。可放置在遮光的半日陰處，控制給水。此品種比較耐寒，放在屋簷下或木箱內會比較好。利用葉插法或芽插法就能輕鬆繁殖，最佳時機點為初秋。

生育型	根的種類	難易度	原產地
春秋型	細根	✳✳✳✳	南非、納米比亞

leucotricha
A.leucotrica var.

有黃色斑點肉質肥厚的美麗葉片會密集群生的小型種。生長速度緩慢。

菲利考利斯
A.filicaulis

圓胖的葉片長得十分有個性。也有叢生種。夏天放置半日陰處遮光。可利用葉插或分株繁殖。

神想曲
A.poellnitzianus

莖短，長大後會分枝，枝幹會長出像毛的紅褐色氣根。扁平如湯勺的綠色葉片無斑，上面有軟毛覆蓋。

崔弟
A.trigynus

特徵是大面積的白色葉片上帶著褐色斑點。培育起來較簡單，需要充足的日光。利用葉插可輕鬆繁殖。

栽培年曆 ◆ 天錦章屬

	1	2	3	4	5	6	7	8	9	10	11	12 (月)
生長狀態		休眠		生　長				休眠		生長		
										開花		
放置場所		木箱		戶外 （通風良好日照充足處）				戶外 （通風良好的半日陰處）		戶外 （通風良好日照充足處）		
給　　水		少量		充足水分 （缽土乾燥就給水）				斷水		充足水分 （缽土乾燥就給水）		
施　　肥				（只要基肥不需追肥）						（只要基肥不需追肥）		
作　　業			換盆（分株、修剪整形、枝插、葉插）					換盆（分株、播種、葉插、枝插）				
		噴灑殺蟲劑						噴灑殺蟲劑				

Aeonium

蓮花掌屬

〔景天科〕

重疊的蓮座狀葉片是其特徵，叢生數量繁多可長成大型植株。長成成株時，茂盛的上半部莖會延伸，長出黃、白、粉紅等色的花。也有開花結果後留下種子而植株枯死的品種。

不耐夏季的高溫和悶熱，從梅雨季開始到整個夏季，必須要在避雨遮光且通風良好之處管理。冬天則是放置在不會碰到霜的屋簷下及木箱內，並避免放在5℃以下的地方。日照不足而徒長的植株可修剪整形重新整理。

生育型	根的種類	難易度	原產地
冬型	細根	＊＊＊＊	加那利群島、北非等地

豔日傘 A. arboreum 'Albovariegatum'

它是arboretum的錦斑種，高約50cm。鮮豔的綠色葉片帶有淡黃色的覆輪十分美麗。是錦斑種中最容易培育的。

小人之祭 A.sedifolium

正如它的種小名「長得像景天屬葉片」，短短的葉片，分枝呈叢生狀的莖前端長得十分密集，紅葉期會染上橘色。

紅姬錦 A.haworthii f. variegata

原產自加那利亞群島的特內里費島，「紅姬」的錦斑種。莖分枝成多數呈灌木，進入寒冷期會轉成美麗的紅色。

圓葉 黑法師 A.'Cashmere Violet'

和黑法師長得很像，但比較會分枝。葉片呈現圓形，蓮座整齊密集。

黑法師 A.arboreum'Zwartkop'

黑紫色的葉片像傘狀般撐開，是很有人氣的品種。蓮座直徑約20cm。夏天放在通風良好的強光下管理，葉子會被染成完美的黑色。

斑黑法師 A. arboreum var.rubrolineatum

帶點褐色的紫色盤狀葉片，上頭有深紫色美麗斑紋的錦斑種。隨著生長，莖會持續向上直立生長至30cm左右。

黑法師錦

A.arboreum cv. 'Schwarzkoph f.variegata'

別名「紅彗星」。黑色葉片帶有紅色覆輪，顏色對比十分搶眼。蓮座的直徑有10～15cm。

豔姿　A.undulatum

莖又粗又強健。稍微長一點枝節的灌木。有光澤的暗綠色勺狀葉片，長有美麗的纖毛。蓮座徑約30cm，比較好渡夏。

清盛錦　A.decorum f.variegata

別名「夕映錦」。蓮座徑約10～15cm。中心部呈杏桃色，葉緣有鮮紅色的斑紋。夏天要避開強光管理。

曝日　A.urbicum f. variegata

綠葉上帶著黃色的斑紋，葉尖染上粉紅色。多數葉片呈放射狀生長，紅葉時會長得更漂亮。

明鏡錦

A.tabuliforme f. variegata

特徵是勺狀的葉片重疊成平面的蓮座，是「明鏡」的錦斑種。奶油色的斑紋呈不規則狀，稍微種斜一點可預防葉面積水。

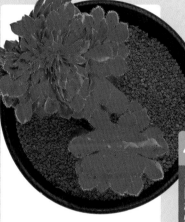

明鏡錦石化

A.tabuliforme f. crested

「明鏡錦」的石化品種，別名「明鏡冠」。小型種無法養得太大。

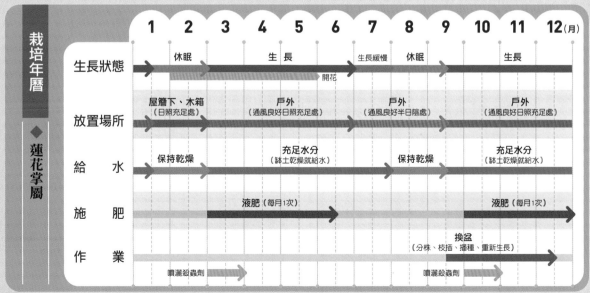

栽培年曆 ◆ 蓮花掌屬		1	2	3	4	5	6	7	8	9	10	11	12 (月)
	生長狀態		休眠		生 長			生長緩慢	休眠		生 長		
						開花							
	放置場所	屋簷下、木箱（日照充足處）		戶外（通風良好日照充足處）				戶外（通風良好半日陰處）			戶外（通風良好日照充足處）		
	給　水	保持乾燥		充足水分（缽土乾燥就給水）				保持乾燥			充足水分（缽土乾燥就給水）		
	施　肥			液肥（每月1次）							液肥（每月1次）		
	作　業								換盆（分株、枝插、播種、重新生長）				
			噴灑殺蟲劑							噴灑殺蟲劑			

4 多肉植物圖鑑

葉片多肉植物 ● 蓮花掌屬

銀波錦屬

Cotyledon

〔景天科〕

有的葉片表面覆有白粉，有的長了細毛，還有的葉緣染上紅色，大多數莖會直立生長而下半部呈木質化。

喜歡待在日照充足通風良好的地方，夏天避免陽光直射，儘量放在半日陰乾燥且通風良好的地方管理。冬天則放在日照充足的室內，控制給水。有白粉覆蓋和長細毛的種類，給水時不要淋到葉片，直接澆在土壤上。此品種不適合葉插，要從莖幹切除進行芽插繁殖。

銀之鈴染上漂亮紅葉的葉尖。

生育型	根的種類	難易度	原產地
夏型	細根	＊＊＊＊	南非等地

銀之鈴 *C.pendens*

圓滾滾的葉片，沿著匍匐莖密集生長。夏天會開出朝下的紅色大花。

〈花〉

巴比 *C.elisae*

深綠色的葉片帶著紅色的葉緣，春天至初夏會開出很多吊鐘形的紅花，令人期待花期的到來。

熊童子 *C.tomentosa*

肉質肥厚又長著細毛的葉片，葉尖長出紅褐色的小形突起物，讓人聯想到小熊的爪子。

長著細長的枝幹，會長高至10～15cm左右。

熊童子錦 *C.tomentosa var.*

「熊童子」的黃斑品種。

白象 *C.luteosquamata*

高約8cm，會從粗壯的莖幹長出許多2～3cm的分枝，頂部有著呈現蓮座狀的棒狀葉片。夏季會落葉進入休眠。

福娘 *C.orbiculata var. oophylla*

紡錘形的葉片覆蓋著白粉呈現白綠色，有紫紅色的葉緣。
花莖往上生長且會開出許多橘紅色吊鐘形的花。

嫁入娘 *C.orbiculata cv.'Yomeirimusume'*

肉質厚實被白粉覆蓋的葉片，有橘紅色的葉緣，呈美麗的雙色對比。秋天至春天的姿態會特別漂亮。

達摩福娘 *C.orbiculata 'Fukkra'*

「嫁入娘」和「福娘」的交配種。被白粉覆蓋肉質肥厚的葉片，葉尖染上巧克力色。要小心日照不足會徒長。

紅覆輪 *C.macrantha*

原產自開普洲。分枝成約1m高的灌木。肉質厚實的深綠色葉片完整無缺，有著細細的深紅色葉緣。蓮座徑約12cm。

白眉 *C.orbiculata cv.*

Orbiculata的交配種之一。倒卵形灰白色的厚實大葉片，紅色的葉緣十分美麗。

旭波之光 *C.orbiculata*

扇形略帶白粉覆蓋呈青綠色的葉片上有奶油色的覆輪。葉緣帶有微微的波浪狀，日照充足時會染上淡淡的紅色。

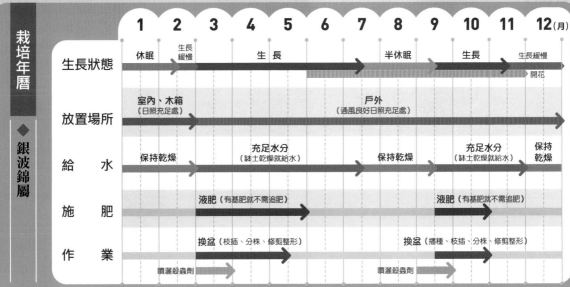

栽培年曆 ◆ 銀波錦屬		1	2	3	4	5	6	7	8	9	10	11	12 (月)
	生長狀態	休眠	生長緩慢		生　長				半休眠		生長		生長緩慢
													開花
	放置場所	室內、木箱（日照充足處）					戶外（通風良好日照充足處）						
	給　水	保持乾燥			充足水分（缽土乾燥就給水）				保持乾燥		充足水分（缽土乾燥就給水）		保持乾燥
	施　肥			液肥（有基肥就不需追肥）						液肥（有基肥就不需追肥）			
	作　業			換盆（枝插、分株、修剪整形）						換盆（播種、枝插、分株、修剪整形）			
		噴灑殺蟲劑						噴灑殺蟲劑					

火祭　*C.capitella*

春天到夏天葉片都是綠色的，氣溫一下降就會染上紅色，因為可以看到葉片變色而十分有名。

x

火祭　*C.capitella*

春天到夏天葉片都是綠色的，氣溫一下降就會染上紅色，因為可以看到葉片變色而十分有名。

Crassula

青鎖龍屬　〔景天科〕

以非洲為中心生長的多肉植物代表的屬別中，約有300種以上為人所知的品種。有常年維持綠葉和會落葉的品種，葉片的變化十分豐富，會開出小巧可愛的花是它的特徵。不同種類的生育型態也不同，基本上只要放在日照充足通風良好的場所管理。大部分的種類生長期都在9月到隔年5月的冬季，大多是冬型種接近春秋型種，不喜歡高溫多濕的地方，夏天要避免陽光直射和保持乾燥養育。一般都是用葉插和枝插繁殖。

生育型	根的種類	難易度	原產地
夏、冬、春秋型	細根	＊＊＊＊	以南非為中心遍及全世界

（火祭）
秋季時開花之姿（圖上）和開出小塊狀的花。

〈花〉

景天樹
C.arborescehns

別名「銀圓樹」。植栽高度約40～50cm。灰青綠色的圓形葉片，表面帶有斑點，葉緣染有一圈紅色。

洛東　*C.lactea*

生長速度快，葉緣長著細小的鋸齒，葉緣在寒冷期時會轉紅。會開出和「翡翠木」很像的花，適合初學者。

若綠　*C.lycopodioides var. pseudolycopodioides*

前端尖銳的淡綠色細長葉片層層重疊。日照不足會徒長造成枝節下垂。摘心後會長出腋芽使植株更茂密。花很小不明顯。

〈花〉

青鎖龍
C.lycopodioides

原產自開普州。鮮綠色的葉片呈現超小的三角形，四排密集重疊成鎖鍊狀。葉緣會開出黃色小花，但花並不明顯。

〈花〉

方鱗若綠
C.ericoides

莖的四周並排長出鮮綠色的葉片，分枝並往上生長，約長10～20cm。須避開盛夏的陽光直射。

如何長出漂亮的紅葉

大多數多肉植物都會隨著氣溫下降而染上漂亮的顏色，但也有染色不符期待而大失所望的時候。

要染上漂亮顏色的重點在於溫度冷暖差和日照，儘量放在戶外可避開雨霜的屋簷下管理，讓植株感受寒冷和日照。不過必須要在氣溫下降到0℃前移至室內。染色期若施肥會影響到發色，紅葉期避免施肥也是很重要的關鍵。

染成美麗紅葉的「紅葉祭」（上）和「火祭錦」（右）

蘋果火祭

C.capitella'Ringo'

與火祭不同的是，綠色的葉片上有縱向的紅色線條，會隨著天氣變涼而整體染成紅葉。變得格外美麗。會開出白色花朵。

天狗之舞 *C.dejecta*

長滿舟形的小葉片，高約30cm。春天會開白色小花。需要在日照充足通風良好的場所管理。利用芽插或分株繁殖。

稚兒姿 *C.decdptor*

小型的塔狀蓮座直徑約2.5～3cm。高4～8cm。肥厚葉片呈菱形緊密重疊在一起，看起來很像三角形。

紅葉祭

C.captella 'Momiji Matsuri'

「火祭」和「筑羽根」的交配種，厚實的葉片有著美麗的紅葉很引人注目。在寒冷地帶外可放在戶外渡冬。花莖前端會開出白色小花。

〈花〉

河豚

C.humbertii

長滿許多小葉片的青鎖龍屬。葉片上長滿了暗紅色的斑點，葉腋會長出花柄，開出星形的白色花朵。會從花柄開出一朵朵的花。

〈花〉

火祭錦

C.capitella f.variegate

「火祭」的錦班品種，別名為「火祭之光」。綠色的葉緣上有奶油色斑紋，是很美麗的品種。葉腋會開出白色小花。

〈花〉

49

銀箭
C.mesembrianthoides

細長的鮮綠色葉片被細毛覆蓋，晚秋至冬天的期間會轉成紅葉。葉子對生是很容易栽種的品種，但要小心冬天會結凍。

黃金花月　C.ovata cv.

有充足的日照，葉尖的橘紅色會從秋季顯色至早春。

神刀
C.perifoliata

又名尖刀。是披針形又呈鐮形，像刀一般的葉片左右交錯層層重疊生長。以青鎖龍屬來說，在夏天會開出鮮豔的紅色花朵非常罕見。

王妃神刀
C.perfoliata
var. falcate f. monor
(C.'Ouhi sintou')

和其他種類比起來較健壯，植株往上生長要小心會徒長。粉紅色的小花聚集開出半球狀。

筒葉花月
C.ovata'Gollum'

「翡翠木」的變異品種，另有別名「宇宙之木」。筒狀的葉片前端稍稍染紅並內凹。冬天須放在室內，注意勿冷到結凍。

綠蛇
C.muscosa f.

綠色的葉片呈密集的鱗狀細長地生長，草長約15～25cm。利用芽插繁殖。秋天會長出直徑約2cm左右密集生長的黃色小花。

〈花〉

鑫鑫
C.ovata cv.

以前會把長白斑的「豔姿」叫做「花月錦」；長黃斑的叫做「豔姿之光」。

豔姿之光
C.perifoliata

「鑫鑫」的黃斑品種。

大衛
C.lanuginosa var.pachystemon'David'

圓圓小小的葉片上有細毛，寒冷期會轉成紅通通的紅葉。須放在日照充足通風良好的地方管理，夏天要遮光。

呂千繪
C.'Morgan's Beauty'

是「神刀」和「都星」的交配種。肉質厚實的灰白色圓葉層層重疊，植株的頂端會開出半球狀四瓣十字的粉紅色花朵。

南十字星
C.perforata f. variegata

「星乙女」的錦斑種。三角狀卵形的小葉片呈十字重疊對生。秋天會整個染紅。

星乙女
C.perforata

細長的莖幹叢生，呈現樹狀直立生長。葉片是灰綠色，葉緣被紅色點綴，上面有小小的紅色斑點，基部相連在一起。

〈葉〉

51

雨心　C.volkensii

茂盛的植株，冬天會開出白色小花。葉片會隨之染成紫褐色，斑紋進入晚秋也會變得更加美麗。秋天時斑紋鮮明（圖右）。

醉斜陽
C.atopurpurea'Watermeyeri'

圓葉片上面長有薄薄的細毛，紅葉期會染上紅色。會開出白色的小花。

愛星
C.rupestris

莖為木質直立狀，對生的葉片從底部往上延伸。也稱為「小米星」「稚兒星」「彥星」、「太陽星」，雖然葉片大小不同，卻都是同種植株。

桃源鄉
C.tetragona

別名「龍陽」。產自於開普州東部，直立生長約高1m。細長的葉片呈黃綠色，嫩葉的前端會往上彎曲。

長莖景天錦　C.sarmentosa f. variegata

高10～15cm。綠色葉片有黃色的覆輪，葉緣上有細小的鋸齒。紅葉期會染成粉紅色。花莖前端會開出密集的星形小花。

〈花〉

櫻花月 C.portulacea'Sakurakagetsu'

幼苗時期起就很容易開花的矮性品種，
會開出粉紅色的花。

Socialis C.socialis

別名「雪妖精」。看起來像三角形的葉
片，其實是密集重疊十字對生，早春會開
出數朵白色小花。渡夏時要特別注意。

寶貝驚奇
C.Baby Surprise

常被稱為是塔型代表
「數珠星」的變異種。
利用枝插繁殖，葉面有
不規則點狀。

翡翠木 C.portulacea1

別名「花月」。帶有光澤的深綠色葉片，還有
紅色的葉緣。莖的前端會開出星形的花，是個
不養大就不會開花的植株。

姬紅花月
C.portulacea cv.

小型葉片整體呈
現紅色。容易腐
根必須要放在乾
燥處管理，冬天
要小心結凍。

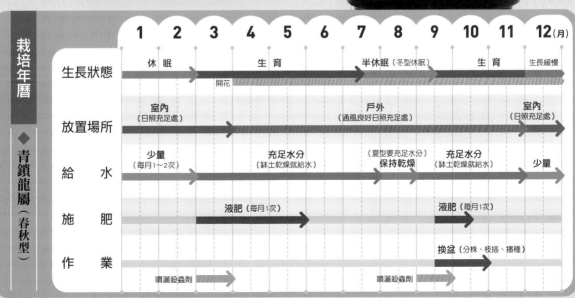

栽培年曆		**1**	**2**	**3**	**4**	**5**	**6**	**7**	**8**	**9**	**10**	**11**	**12**(月)
	生長狀態	休 眠			生 育			半休眠（冬型休眠）			生 育		生長緩慢
				開花									
	放置場所	室內（日照充足處）				戶外（通風良好日照充足處）							室內（日照充足處）
青鎖龍屬（春秋型）	給　水	少量（每月1～2次）			充足水分（缽土乾燥就給水）			（夏型要充足水分）保持乾燥		充足水分（缽土乾燥就給水）			少量
	施　肥			液肥（每月1次）						液肥（每月1次）			
	作　業									換盆（分株、枝插、播種）			
		噴灑殺蟲劑						噴灑殺蟲劑					

擬石蓮花屬

〔景天科〕

約有140個已知種主要自生於墨西哥高原，有很多園藝品種。葉片重疊呈蓮座狀，很受人們喜愛，葉片的形狀與顏色豐富，從小型種到大型種都有。

很多品種不喜歡溫度過高的夏夜。春秋季的生長期儘量放在通風良好的戶外，並得到充足的日照避免徒長。盛夏要遮光，給水時要避開植株中心以免積水。冬天可放在木箱內避免結霜。

生育型	根的種類	難易度	原產地
春秋型	細根	＊＊＊＊	墨西哥

康特　E.cante

可生長至直徑約30cm的大型種。葉片被白粉覆蓋，葉緣會染成紅色，寒冷期時紅色會更加深。

蒙恰卡
E.cuspidata Menchaca

灰藍色的厚實葉片和長爪是它的魅力。生長於10～25℃之間，炎熱與寒冷時期會休眠。冬天放置室內日照充足處管理。

阿爾巴月影
E.elegans'Alba'

別名「白月影」，蓮座的直徑約5～8cm。白粉覆蓋的淡黃綠色倒卵狀葉片層層重疊，到了冬季葉片也不會變色。

海琳娜　E.hyaliana

前端尖銳的倒卵形葉片厚實呈淡綠色。多枚葉片緊密重疊，蓮座直徑約8cm。原產地在墨西哥。

羅密歐
E.agavoides cv.'Romeo'

是從「魅惑之宵」的實生苗培育出來的品種，經過一年依舊能維持暗紅色是其特徵。

吉娃娃　E.chihuahuaensis

淡綠色厚實的葉片上覆蓋著白粉，呈倒卵形。葉尖是鮮紅色。蓮座直徑約10cm，有短短的莖幹。

吉娃娃錦
E. chihuahuaensis variegata

是吉娃娃的錦斑種，覆蓋白粉呈現淡綠色的葉片上有奶油色的斑紋。和鮮紅色的葉爪形成美麗的對比。

月影錦 *E.elegans f. variegata*

「月影」的錦斑種，被白粉覆蓋的厚實淡綠色葉片上有奶油色的斑紋。蓮座直徑約13cm。

相府蓮

E.agavoides cv. 'Soufuren'

「東雲」的交配種，植物體下部群生很容易繁殖。葉片上半部在寒冷期會染成漂亮的大紅色。

紅日傘 *E.bicolor var. bicolor*

蓮座狀慢慢往上生長，就像是撐開雨傘的模樣，可以修剪整形成小型植株培育。到了秋季整體會染成美麗的紅色。

魅惑之宵 *E.agavoides cv.'Lipstick'*

大型蓮座的直徑約18cm。亮綠色長橢圓形的葉片，葉緣染成紅色。在強烈光線照射下培育，1/3～1/2的葉片會染成深紅色。

古紫 *E.affinis*

肥厚的葉片呈現接近黑色的暗綠色，在微弱光線下無法顯現出原本的顏色，需要經常日照。
蓮座直徑約10cm。

（紅葉之姿）

花司 *E. harmsii*

厚實的葉片形狀介於披針形與湯匙形之間，整體長滿了毛。在低溫強光下栽種，葉緣會染上深紅色。初夏開的花長約2～2.5cm。

〈花〉

Derenbergii *E.derenbergii*

又稱「靜夜」。白綠色厚實的倒卵形葉片的葉緣染成紅色，密集重疊生長。高約10cm的花莖前端會開花（吊鐘形的紅色花朵，花瓣前端是橘黃色）。

鯱 *E.agavoides f. cristata*

「東雲」的綴化品種，別名「東雲綴化」。綴化面積大。葉尖帶點紅色，紅葉期紅色會更加深。

森之妖精 *E.pringlei var. parva*

有莖幹，容易分枝並往上生長。亮綠色的葉緣染上淡淡的紅色，天一冷紅色會更加明顯。

錦晃星
E.pulvinata

蓮座直徑約8cm。有莖幹且很常分枝生長成灌木狀。整體有白色細毛覆蓋，厚實的葉尖染上深紅色，會開出鐘狀的朱紅色花朵。

〈花〉

迷你馬 *E.minima*

小型擬石蓮花屬的代表，又稱為「姬石蓮」，屬群生品種。超厚的葉片帶有淡白色，淺綠色的葉尖染上紅褐色。

晚霞
E.subrigida'Afterglow'

康特和莎薇娜的交配種。蓮座的直徑大約30cm，葉片是帶有白粉的桃色。日照充足會長出美麗的紅葉。

Peacockii
E.peacockii

也叫「養老」。青綠色的葉片只要日照充足，就會染上一層覆蓋著白粉的粉紅色，葉尖和葉緣也會染上粉紅色。

莎薇娜 *E.shaviana*

別名「祇園之舞」。有許多的變種和交配種，葉色從偏灰的白色到很深的紅色都有，葉緣有微微的波浪，十分可愛。寒冷期會變得更加美麗，可用葉孵繁殖。

阿爾巴美尼
E. cv. 'Alba- mini'

有白粉覆蓋的綠白色葉片是擬石蓮花屬的特徵。氣候一變冷，葉緣就會染上淡淡的顏色，格外美麗。

七福神
E.secunda var.glauca

大型種植株，葉片微微向內側彎曲，給予充足的日照，前端會染上紅色。夏天轉成朱紅色的前端會開出黃色的小花。

倫優尼
E.runyonii

蓮座直徑8～12cm。白粉覆蓋的灰綠色葉片。植株強健生長快速，很適合初學者入門的品種。

雪蓮
E.laui

幾乎無莖的蓮座直徑約8～12cm。圓潤厚實的葉片覆上一層白粉。會開出橘紅色的花。帶著白粉的葉片在紅葉時期會染上紅色。

〈紅葉之姿〉

特葉玉蓮
E.runyonii'Topsy Turvy'

倫優尼的突變異種，生長旺盛的品種，葉緣外側往內彎是其特徵。蓮座直徑約20cm。

〈花〉

生長的花莖開出許多朱紅色的花。

秋之霜（綴化）
E.waradii f. cristata

綴化面覆蓋著美麗的白粉，直徑約有20cm。春季至秋季可放在戶外，但梅雨季還是要避雨，避免濕氣過重。

錦之司
E.harmsii
(Echeveria × set-oliver)

花司與錦司晃的交配種。鮮綠色的披針形葉片，整體被白色細毛覆蓋。日照充足，葉緣在秋冬季會轉為紅色。

紅稚兒 *E. macdougallii*

健壯又容易栽培。棒狀的葉片呈群生，放在日照充足的戶外會轉成紅葉。非常耐寒，可耐寒至-5℃。

花麗 *E.pulidonis*

別名「布丁西施」。短莖，蓮座直徑約12cm。肉厚的葉片前端呈現倒卵形或披針形，葉尖和葉緣染上紅色的色彩。

紅司 *E. nodulosa*

有莖幹，蓮座直徑約5～13cm。葉緣、葉底及葉面都有不規則的美麗暗紅色線條。低溫期會更加顯色。

大和錦 *E.purpusorum*

產自墨西哥南部。灰綠色的厚葉前端呈尖卵形。表面有深綠色的細小斑點，背面則有深紅色的斑點。

〈花〉

夏天會開出小花。

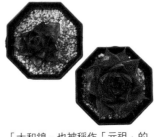

「大和錦」也被稱作「元祖」的紅葉姿態。

養育訣竅
枯葉處理

　　蓮座狀葉片重疊生長的擬石蓮花屬，下葉和外側的葉片容易枯萎。枯葉不僅看起來不美觀，為了預防悶熱，有枯葉時還是要拔除。

　　若不拔除枯葉不只會導致植株悶熱，還容易孳生細菌，給水時會傳染給其他健康的葉片，使得整體植株生病，造成葉片整片枯黃。要細心摘除枯葉。

1 避開莖葉小心用鑷子拔除枯葉。

2 已清除乾淨的植株。就算看得見莖的細根也不需要再補土。

4

多肉植物圖鑑

葉片多肉植物 ● 擬石蓮花屬

伊利亞 E.'Crystal'

青色系的變化讓葉色很豐富美麗，春季至秋季是讓花壇增添綠意最適合的交配種。屬於群生植株，要小心悶熱。

桃太郎 E.'Beatrice'

吉娃娃和林賽的交配種，一整年內尖銳的葉尖都呈現紅色。健壯的植株，可利用葉插和分株來繁殖。

桃太郎錦 E.cv.'Beatrice'f. variegata

「桃太郎」的錦斑種，葉片上有奶油色的條紋。天冷時，葉片邊緣的紅色會更加明顯。

藍鳥 E.cv.'Blue Bird'

林賽的交配種。被白粉覆蓋的優雅美白系擬石蓮花屬，帶點藍色的蓮座形狀極其有魅力。紅葉期會染成紅色。

藍鳥錦
E.cv.'Blue Bird'f. variegata

「藍鳥」的錦班品種，豐滿厚實的葉片上，整體都有白色的條紋，紅葉期會染上淡淡的紅色。

藍色驚喜
E.cv.'Blue Surprise'

生長適溫在10～25℃，需在通風良好日照充足處管理。有著倒卵形的厚實葉片，常被視為和月影同品種。

可愛玫瑰 E.cv.'Lovely Rose

小型種擬石蓮花屬，葉片形狀如其名長得像玫瑰的蓮座狀，紅葉期十分美麗。容易悶熱需在通風良好處管理。

仙杜瑞拉
E.cv.'Cinderella'

被白粉覆蓋的紫桃色葉片，葉緣帶點紅色並呈現些微的波浪狀。葉片在晚秋至冬季會更加顯色。

Arlie Wright
E.cv.'Early Light'

紫色的葉片，葉緣呈現荷葉邊的大型種。葉色全年不變，在生長期一片綠色的擬石蓮花屬裡特別顯眼。

Jackal E.'Jackal'

「桃太郎」和「黑爪」的交配種，其銳利的葉尖是一大特徵。葉緣在寒冷期會染上粉紅色，變得更加美麗。

花月夜 E.cv.'Crystal'

「月影」和「花麗」交配的小型種。覆蓋上白粉的淡黃綠色葉片，葉緣染上粉紅色，紅葉期會再開得更美。

麒麟錦
E.cv.'Monocerotis'f. variegata

「大和錦」和「紅司」的交配種，也是「麒麟」的錦班種。深綠色的葉片有著紅紫色的葉緣，還有不規則的淡黃色斑紋。

班・巴蒂斯
E.cv.'Ben Badis'

「大和錦」和「靜夜」的交配種。葉尖的紅爪和葉背的紅色條紋互相輝映。紅葉期會染上粉紅色，變得更加美麗。

玉蝶錦
E.'Lenore Dean'f. variegata

別名「康普頓旋轉木馬」。奶油色的覆輪和紅爪是其特徵。葉緣在秋冬季會染上淡淡的粉紅色。

月光石
E.cv.'Moon Stones'

為了避免徒長，要放在日照充足通風良好的地方，但盛夏時需要遮光管理。紅葉期葉緣會染上紅色。

火唇
E.'Fire Lip'

中型種。鮮豔有光澤的綠色葉片層層重疊，葉緣會染上紅色是名字的由來。

福祥錦 E.cv.'Hanaikada' f. variegata

「花筏」的錦班種，別名「花筏錦」。蓮座徑約10cm以上。整體在秋冬季會染成大紅色。

樹狀石蓮錦
E.cv.'Minibell'f. variegata

有莖品種「樹狀石蓮」的錦班種。植株和生長的莖幹在中途會長出子株。葉緣在紅葉期會染上粉紅色。

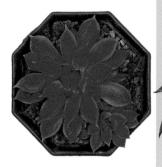

女雛錦
E.cv.'Mebina'f. variegate
又稱「紅邊石蓮」。偏細長的葉片，葉尖有微微紅色，帶有奶油色的覆輪。紅葉期葉緣會染成粉紅色。

馬迪巴
E.cv.'Madiba'
淡綠色的葉片下半部帶有波浪狀，呈現優雅姿態。葉緣和葉爪染上淡粉色，紅葉期會更加顯色。

昂斯洛
E. cv. 'Onslow'
葉片帶點白色，清爽型的擬石蓮花屬。寒冷期在強烈光線照射下，葉爪會染上漂亮的粉紅色，變得更加美麗。

粉紅天使
E.cv.'Pinky'
莎薇娜和康特的交配種。一整年都會開著美麗粉紅葉色的人氣品種。有大型種康特的血脈，溫暖時期是生長旺盛期。

粉香檳
E.cv.'Pink Champagne'
韓國的交配種。亮綠和粉紅色的漸層色調非常漂亮。寒冷期會轉成全紅的紅葉，更加美麗。

Pink Tips
E. cv.'Pink Tips'
「花麗」和「蘿拉」的交配種，有密集的蓮座。厚實葉片的葉緣是紫紅色，紅葉期會更加顯色。

晨光
E.cv.'Morning Light'
小型種，常和黃覆輪的「老樂錦」視為同類型多肉。寒冷期在強烈光線照射下養育，葉尖和葉緣會染上粉紅色。

桃之嬌
E.'Peach Pride'
霜之鶴的交配種，是帶有白粉的淡綠色葉片，莖往上生長的有莖種。天冷時葉尖會染成粉紅色。

紐倫堡珍珠
E.'Pirle von Nurnberg'
自古以來廣為人知的交配種，產自於德國。寬大如湯匙的葉片，是被白粉覆蓋的紫桃色，在低溫期會更加顯色。

女雛
E.'Mebina'
不會長到很大的小型種。葉尖和葉緣帶點微微的紅色，紅葉期會變成深紅色。長出子株群生，照顧起來較簡單。

紐倫堡珍珠錦
E. 'Pirle von Nurnberg'f.variegata
被白粉覆蓋的紫桃色葉片，隨機出現黑色的條紋，是「紐倫堡珍珠」的錦斑種。寒冷期會轉成紅葉。

樹狀石蓮（綴化） E.'Minibell'f. cristata

有莖種木立性的「樹狀石蓮」綴化成扇形生長。秋冬季有充足的日照，葉尖會染上漂亮的紅色。

女王花笠
E.'Meridian'

紅色的葉緣，有著波浪形狀的特徵。秋季時的紅葉非常漂亮。可利用胴切芽插和摘心芽插進行繁殖。

Passion
E.'Passion'

亮綠色尖銳的葉尖及厚實的葉片，層層重疊的蓮座狀，漂亮的形狀很受歡迎。寒冷期葉片會更加顯色。

革命
E.cv.'Revolution'

從「紙風車」實生出來的突變種，葉片呈反摺狀，由上往下看會是愛心形狀，非常受歡迎。

海龍
E.cv.'Sea Dragon'

蓮座徑生長會超過30cm的大型種，有大型波浪狀的葉片是其特徵。可利用胴切芽插和摘心芽插來繁殖。

Painted Lady
E.'Painted Lady'

長出子株群生的品種。紅葉期葉尖和葉背會染成紅色。春天會開出橘色的花。

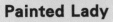

白石
E.'Oparl'

葉片一整年都是呈現酒紅色，到了紅葉期葉色會更加顯色十分美麗。會開出橘色的花。

草莓冰
E.cv.'Strawberryice'

被白粉覆蓋有著灰藍色葉片的葉緣帶著一條粉紅色，寒冷期在強烈光線照射下，會開出更漂亮的紅葉，容易群生。

粉紅喇叭
E.cv.'Tranpeto Pinky'

由「粉紅天使」的葉片變化成筒狀，是石化的一種。有相同變化的還有「特葉玉蓮」。

Silver Prince錦
E. cv. Silver Prince' f.vaviegata

葉片上有黑色條斑，葉緣則被染成粉紅色，紅葉期的紅色會更加顯色，也會更突顯條斑，變得更加美麗。

大和美尼
E.cv.'Yamato-bini'

「大和錦」和小型種「迷你馬」的交配種。深綠色的葉片，葉緣和葉背都染上紅色。秋冬季會轉成紅葉，容易長側芽與群生。

白蓮華
E.cv.'Sirorenge'

月影的交配種。被白粉覆蓋的厚實葉片密集生長，葉尖在秋冬季會染成紅色，呈現漂亮的姿態。

七福美尼
E.cv.'Shichifukubini'

「養老」和矮性種「紅唇」的交配種，是有美麗粉紅色葉爪的小型種。植株很常群生，容易繁殖。

Sublime
E. cv. 'Sublim'

被白粉覆蓋的灰藍色葉片非常肥厚。葉片染上淡淡的粉紅色，紅葉期的紅色會更加顯色美豔。

側影
E. cv. 'Silhouette'

灰藍色厚實的葉片被白粉覆蓋，葉緣有淡淡的粉紅色，秋冬時紅色會更加豔麗。蓮座的姿態也會更完整。

睡蓮
E. cv. 'Suryeon'

「Suryeon」是韓文睡蓮之意。被白粉覆蓋的灰藍色葉片，葉緣染有粉紅色，紅葉期紅色會更加顯色。

藍絲絨
E.'Simulance'

原本是月影系多肉，最近也有葉緣呈波浪狀的韓國幼苗，被認為是和莎薇娜的交配種。美麗的蓮座廣受好評。

高砂之翁
E.‘Takasagonookina’

蓮座徑約30cm。葉片有明顯的波浪形狀，紅葉時的葉片非常美麗。初秋會開出橘色的花。

紫羅蘭女王
E. cv. ‘Violet Queen’

別名「菫牡丹」。月影的交配種。被白粉覆蓋的青白色葉片層層重疊，形成漂亮的蓮座狀。紅葉時會轉成帶點紫色的粉紅色。

白雪姬
E.‘Sirayukihime’

葉片很寬，藍綠色的葉緣帶有些微的粉紅色。葉片較窄的品種叫做「雪花」。

范布鍊
E.‘Van queen’

非常耐寒，易群生很好照顧。秋天時葉尖會染上些微的粉紅色，春天會開出鮮豔的橘色花朵。

婚紗
E.cv.‘Wedding Dress’

葉緣呈現細微的荷葉邊。帶有粉紅色的葉片過了1年也不會變色。利用胴切芽插或是摘心芽插進行繁殖。

西彩虹
E.cv. ‘Western Rainbow’

「紐倫堡珍珠」的錦斑種，葉片呈現紫色、黃色和粉紅色，十分美麗。要避開強光培育。

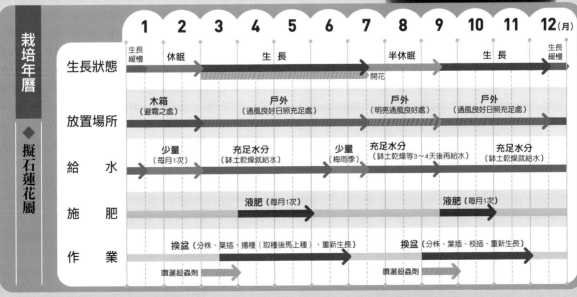

栽培年曆 ◆ 擬石蓮花屬		1	2	3	4	5	6	7	8	9	10	11	12 (月)
	生長狀態	生長緩慢	休眠		生　長				半休眠		生　長		生長緩慢
								開花					
	放置場所	木箱（避霜之處）		戶外（通風良好日照充足處）					戶外（明亮通風良好處）		戶外（通風良好日照充足處）		
	給　水	少量（每月1次）		充足水分（缺土乾燥就給水）			少量（梅雨季）		充足水分（缺土乾燥等3～4天後再給水）		充足水分（缺土乾燥就給水）		
	施　肥			液肥（每月1次）						液肥（每月1次）			
	作　業			換盆（分株、葉插、播種（取種後馬上種）、重新生長）						換盆（分株、葉插、枝插、重新生長）			
			噴灑殺蟲劑						噴灑殺蟲劑				

風車草屬

〔景天科〕

約有12種類生長在亞利桑那州至墨西哥一帶。屬名為希臘文「彩色花卉」之意，植株整體看起來就像朵花。擬石蓮花屬和Graptosedum屬很類似，很多都是長成小型蓮座狀。

老株莖幹直立分枝，成為群生株。會開出有紅色斑點的星形花朵。生育型態為春秋型種，盛夏和冬季會休眠。和擬石蓮花屬一樣要注意渡夏，放置在通風良好的棚架上，夏天少量給水保持乾燥。

生育型	根的種類	難易度	原產地
春秋型	細根	＊＊＊＊	美國西南部、墨西哥

美麗蓮錦
G.bellus var. (Tacitus bellus var.)
美麗蓮的錦斑種。

美麗蓮
G.bellus (Tacitus bellus)

開出鮮紅色星形的花是景天科裡最大型的，一朵花可以持續開5〜6天。無莖，蓮座呈扁平狀。

菊日和　*G.filiferum*

別名「黑奴」。長出多數葉尖呈勺狀的葉片，形成5cm左右的蓮座狀。葉尖長出細線狀的芒草。很不耐熱。

藍豆
G.cv. 'Blue Bean'
如其名，就像是青豆一樣可愛。被白粉覆蓋的深青綠色粒狀葉尖，密集生長形成群生，以葉孵繁殖。

寶石花
G. paraguayense
又名「朧月」。當作西藏的「石蓮花」替代品販售於市面。以「風車草」之名在市面上流通。葉片可當作沙拉食用，但必須經過食品衛生法確認是否安全才可食用。

〈葉〉

〈花〉

Yerou Belle
G.'Yerou Belle'
偏薄的葉片帶有淡淡的綠色。早春會開很多黃色的花。

紅邊月影　*G.amethystinum*

以「醉美人」之名流通。日照不足會造成徒長，要放在日照充足通風良好的戶外，夏季要控制給水。

姬秀麗錦

G.mendozae
f. variegata

長滿許多圓滾滾的小葉片，是「姬秀麗」的錦斑種。進入紅葉期整體會染上可愛的淡粉紅色。

Graptosedum

Graptosedum 屬　〔景天科〕

是由風車草屬和景天屬交配而成，耐熱耐寒又健壯易栽培。全年喜好日照充足，可放在通風性良好的棚架上，會長得比較好。

（銅姬）紅葉之姿。

生育型	根的種類	難易度	原產地
春秋型	細根	＊＊＊＊	交配種

銅姬
G.'Bronze'

秋麗
G.'Francesco Baldi'

「朧月」和景天屬「乙女心」的交配種。健壯又耐熱耐寒，可放戶外栽培。葉片易掉落，夏天要少量給水。

有風車草屬「朧月」的一半品種，微小型的紅銅色葉片被白粉覆蓋。耐熱耐寒，很容易進行葉插和枝插。

栽培年曆

◆◆ 風車草屬

◆◆ Graptosedum 屬

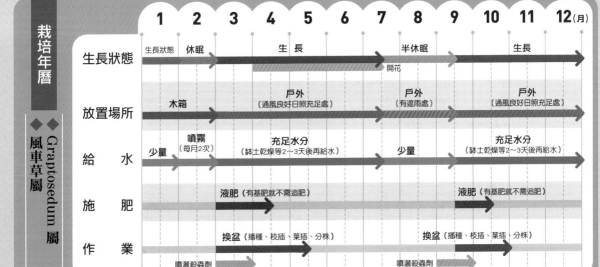

	1	2	3	4	5	6	7	8	9	10	11	12(月)
生長狀態	生長狀態 休眠		生 長				半休眠		生 長			
					開花							
放置場所	木箱		戶外（通風良好日照充足處）				戶外（有遮雨處）		戶外（通風良好日照充足處）			
給　水	少量 噴霧（每月2次）		充足水分（缽土乾燥等2〜3天後再給水）				少量		充足水分（缽土乾燥等2〜3天後再給水）			
施　肥			液肥（有基肥就不需追肥）						液肥（有基肥就不需追肥）			
作　業			換盆（播種、枝插、葉插、分株）						換盆（播種、枝插、葉插、分株）			
	噴灑殺蟲劑						噴灑殺蟲劑					

（銀星）紅葉之姿。

Graptoveria 屬
〔景天科〕

風車草屬與擬石蓮花屬的交配種，特徵是蓮座狀的厚實葉片。性質比起風車草屬還要強韌，但不耐悶熱，夏天要少量給水並管理在通風良好處。

在春秋季的生長期，要放在日照充足通風性良好的地方，並避免被淋到過多的雨，用土乾燥約2、3天後再給予充足水分。冬天則是放在木箱並少量給水。

生育型	根的種類	難易度	原產地
春秋型	細根	＊＊＊＊	交配種

銀星
G.'Silver Star'

「菊日和」與擬石蓮花屬「東雲」的交配種。生長有點緩慢，很難開花。注意高溫多濕。

奧普琳娜
E.'Opalina'

擬石蓮花屬「卡蘿拉」和風車草屬「紅邊月影」的交配種。厚實的葉片被薄薄的白粉覆蓋並顯現出淡粉紅色。

白牡丹 G.'Titubans'

〈花〉

圓滾滾的白色葉片是它的魅力。「朧月」一半的交配種，是耐寒耐熱易養育的品種。利用葉插容易繁殖。初夏會開出杏桃色的花。

紫色喜悅
G.'Purple Delight'

被白粉覆蓋的厚實葉片，有著漂亮的紫色漸層。葉色在寒冷期會更加顯色。利用枝插很容易繁殖。

瑪格麗特

G.'Margarete Reppin'

「菊日和」與「白牡丹」的交配種。葉尖在秋天會染上粉紅色。分枝會長出氣根，可以很輕鬆地分株。

初戀 G.'Huthspinke'

別名「Purple King」。蓮座直徑約10cm，帶著紫色的淡綠色葉片自晚秋起，整體會漸漸染紅。

白牡丹錦

G.'Titubans'.variegata

「白牡丹」的錦斑種。灰藍色的葉片有奶油色的覆輪，天一冷就會染上粉紅色。葉尖的爪子並不明顯。

粉紅佳人

G.'Pink Pretty'

交配來源不明，但很容易群生。蓮座徑約10cm，涼爽期會轉成紅葉。

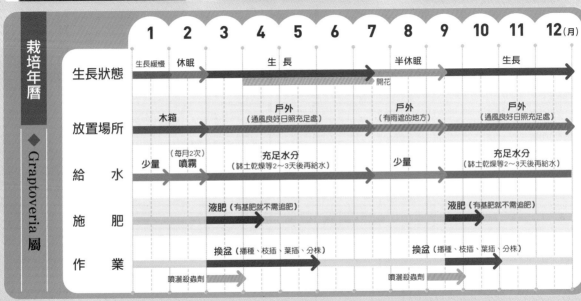

栽培年曆 ◆ Graptoveria 屬		1	2	3	4	5	6	7	8	9	10	11	12 (月)
	生長狀態	生長緩慢	休眠		生 長			半休眠			生長		
								開花						
	放置場所		木箱		戶外（通風良好日照充足處）			戶外（有雨遮的地方）			戶外（通風良好日照充足處）		
	給 水	少量	（每月2次）噴霧		充足水分（缽土乾燥等2～3天後再給水）				少量		充足水分（缽土乾燥等2～3天後再給水）		
	施 肥			液肥（有基肥就不需追肥）							液肥（有基肥就不需追肥）		
	作 業			換盆（播種、枝插、葉插、分株）							換盆（播種、枝插、葉插、分株）		
			噴灑殺蟲劑						噴灑殺蟲劑					

八寶屬
Hylotelephium

〔景天科〕

以東亞為中心，分布於北半球的溫帶及亞熱帶地區，生長在岩上與草原等地。每年地下莖都會長出花莖，扁平的葉片呈互生或輪生。短日性，在晚夏到秋季間會開花，花色為紅、紫紅或白色，沒有黃色。雨多時期少量給水，全年都需要放置在日照充足通風良好處。

生育型	根的種類	難易度	原產地
夏型	細根	＊＊＊＊	以東亞為主

樺太圓扇八寶
H.pluricaule

日本別名「蝦夷見圓扇八寶」，分布在北海道山區的小型種。藍白色的葉緣呈圓滑狀無鋸齒。

烏葉圓扇八寶
H.sieboldii
(H.'Bertram Anderuson')

別名「銅葉圓扇八寶」，黑紫色的葉色是其特徵。莖葉在冬季會凋零，春季會發芽。秋季會開出桃紅色的花。

〈花〉

〈葉〉

圓扇八寶
H.sieboldii

花團長得很像花簪，葉緣有滾灰藍色邊線的葉子呈現3片輪生。天一冷會染成紅葉。

日高圓扇八寶 *H.cauticola*

生長在北海道東部岩石邊的小型種。對生的葉片，葉緣有少數的波浪狀鋸齒。莖的前端在秋季時會長出開著桃紅色小花的花苞。

（圓扇八寶錦斑種）

有黃色中斑的錦斑種，從以前就有栽培。

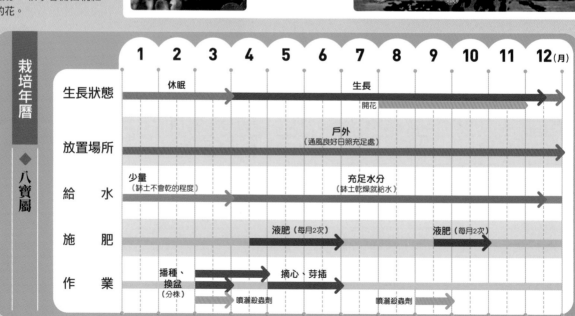

栽培年曆

◆八寶屬

		1	2	3	4	5	6	7	8	9	10	11	12 (月)
生長狀態		休眠					生長						
							開花						
放置場所					戶外（通風良好日照充足處）								
給　水		少量（缽土不會乾的程度）				充足水分（缽土乾燥就給水）							
施　肥						液肥（每月2次）				液肥（每月2次）			
作　業		播種、換盆（分株）			摘心・芽插								
				噴灑殺蟲劑				噴灑殺蟲劑					

（月兔耳）➡ P72

伽藍菜屬

Kalanchoe

〔景天科〕

屬於多年草及灌木狀的多肉植物，約100個品種廣為人知。葉片的形狀及顏色都很有個性，除了可欣賞葉色的變化外，還有被當作盆花，花開得很美的品種。

栽培起來較容易，在夏季的生長期，有很多是即使在戶外被雨淋也能長得很好，但需要放在通風良好處管理的品種。不耐寒，秋天要拿進室內，冬季的休眠期要小心不要放在低於5～10℃以下的地方。很常在冬季日長夜短的某一天開花。可利用葉插、枝插和分株來繁殖。

生育型	根的種類	難易度	原產地
夏型	粗根、細根	✽✽✽✽	馬達加斯加、南非等地

圓貝葉
K.farinacea

產自索科特拉島。銀色的厚實葉片呈對生，莖的前端開出多朵朝上生長的紅色筒狀小花。葉與花的對比色非常美麗。

仙女之舞 K.beharensis

長葉柄長出羽毛狀的三角形葉片，淡褐色嫩葉有細毛覆蓋。細毛掉落後，葉色會轉成橄欖綠。

白蝶之光
K.bracteata

整體和「仙人之舞」很像，跟有三角形或菱形的葉片的「仙人之舞」相比，此種葉片則是比較像湯匙狀或黑桃形狀。

天之羽袖
K.grandiflora

有鋸齒狀的葉片。葉片到了秋天會轉成橘紅色，日照充足時會更加顯色。

〈紅葉〉

子寶弁慶
K.daigremontiana

莖不分枝，直立生長，葉緣上長出小小的子株，子株掉落還會再生長。又稱蕾絲姑娘。

〈子株〉

蝴蝶之舞錦
K.laxiflora variegated

別名「蝴蝶之光」。葉片上有黃色覆輪，天冷時覆輪會染成美麗的粉紅色。冬天會開出鐘形的橘色小花。在花莖前端會開出無數個下垂的釣鐘形花。

〈花〉

〈長滿子株的葉片〉

不死鳥
K.hybrid

「錦蝶」和「子寶弁慶」的交配種。深綠色的細葉周圍長滿了子株。日照不足時，葉色不顯色。
跟「錦蝶」和「子寶弁慶」一樣，葉緣會長滿子株。

蝴蝶之舞 *K.laxiflora*

很常分枝，高度約30cm。橢圓形的大葉片，葉緣呈現奶油色，寒冷期日照充足的話，會染成漂亮的紅色。

天人之舞 *K.orgyalis*

也被稱為「仙人之舞」。葉尖呈卵狀勺形，嫩葉被褐色細毛覆蓋，強光照射下，嫩葉的褐色會變得更深。

朱蓮 *K.longiflora var. coccinea*

粗莖。倒卵形的葉片呈對生，葉緣有粗圓鋸齒。
葉片在強光照射下會染成朱紅色，日照不足就會維持綠色。

養育訣竅
花期結束後花莖的切除法

不同種類的多肉植物，開花期也不盡相同，有些花期過短，以致於不常在店裡看見，自己種的話就能欣賞開花的過程。不用挖種子的話，花開了八成快凋謝時，可以切下花莖的根。花瓣一直掛在上面不僅看起來難看，也會消耗植株。

才剛芽插的植株，若有花芽發芽，花會吸走養分進而影響植株的生長，就要將花芽切除。開花時母株就會枯萎的長生草屬，周圍的子株還會生存下來。

圖為「天之羽袖」

千兔耳
K.millotti

柔和的淡綠色葉片上有銀灰色的細毛覆蓋，葉緣有偏鈍的鋸齒狀。形狀嬌小，要換盆非常方便。

虎紋伽藍菜　K.humilis

產自於南非。莖短小的小型種，橢圓形葉片上有紫褐色的複雜圖案是其魅力。往橫向群生生長。

落地生根
K.pinnata

種起來很大盆。用夾子把一枚葉片固定在牆邊，葉緣會開始長出子株，稱為葉芽。

〈花〉

會從袋狀花萼中開花。

紅提燈
K.manginii

產自馬達加斯加南部。長出數根細木枝。葉片是亮綠色，上面長有細毛。長鐘形的花在早春會下垂。

唐印 *K.thyrsiflora (K.luciae)*

被白粉覆蓋呈倒卵形的葉片面對面生長，葉緣上有一條細細的紅色。整體植株在低溫期會染紅變成美麗的紅葉。無法葉插。

巧克力脆片 *K.rhombopilos*

別名「扇雀」、「姬宮」。銀白色的葉片有紅褐色的斑紋，葉緣有微微的波浪狀。日照充足，模樣會更漂亮。

錦蝶 *K.tubiflora*

產自馬達加斯加南部。焦褐色的斑紋散布在棒狀的葉片前端會長出子株，子株掉落後還會再生長。會開出筒狀的花。

〈花〉

〈子株〉

白銀之舞 *K.pumila*

〈花〉

產自馬達加斯加中部。細長的莖直立生長至10～15cm，被白粉覆蓋的倒卵形葉片呈對生。會開紫紅色的花。

月兔耳
K.tomentosa

長卵形的葉片上長滿了白色天鵝絨的軟毛，葉緣有深褐色的斑點。植株生長得好會開白色花朵。

黑兔耳
K.tomentosa f. nigromarginatus 'Kurotoji'

高7～30cm。莖葉都被白色天鵝絨的軟毛覆蓋，葉緣有黑色的覆輪。冬天少量給水，維持在5℃以上。

孫悟空
K.tomentosa 'Songokuu'

月兔耳的變種，被褐色柔軟的毛覆蓋住。不愛潮濕，夏天易葉燒，必須遮光並少量給水。

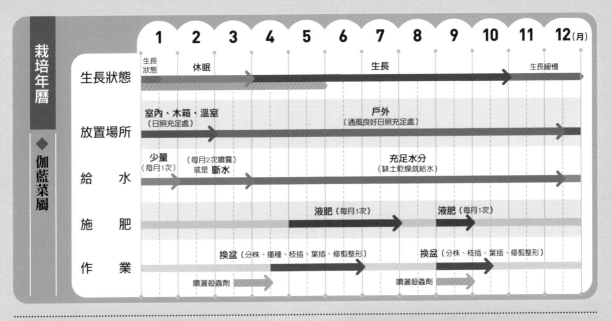

栽培年曆
◆ 伽藍菜屬

	1	2	3	4	5	6	7	8	9	10	11	12 (月)
生長狀態	生長狀態	休眠					生長				生長緩慢	
放置場所	室內、木箱、溫室（日照充足處）					戶外（通風良好日照充足處）						
給水	少量（每月1次）	每月2次噴霧 或是 斷水				充足水分（缽土乾燥就給水）						
施肥					液肥（每月1次）				液肥（每月1次）			
作業			換盆（分株、播種、枝插、葉插、修剪整形）						換盆（分株、枝插、葉插、修剪整形）			
		噴灑殺蟲劑						噴灑殺蟲劑				

Monanthes

摩南屬

〔景天科〕

約有12個品種分布在加那利群島和馬德拉。屬名是「一朵花」之意，明明長滿了許多的花，但基本品種瑞典摩南只有開一朵花因而命名。小型種，有許多多肉質的小葉片密集生長為特徵，會開出不顯眼的小花，自然生長於岩石裂縫中。

不喜高溫多濕的夏天，避免日光直射，放置於通風性良好又涼爽的半日陰處，幾乎以斷水管理。春秋季是生長期，用土乾燥就要補足水分。冬季必須要放在木箱內避免結霜和寒風。並維持在5℃以上。

生育型	根的種類	難易度	原產地
冬型	細根	＊＊＊＊	加那利群島等地

瑞典摩南 M.polyphylla

有光澤的小葉片密集群生。蓮座徑1～2cm。從蓮座中心長出花序，會開紅色的花，種植難度高。

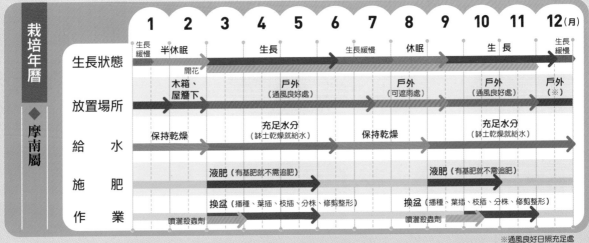

栽培年曆
◆ 摩南屬

	1	2	3	4	5	6	7	8	9	10	11	12 (月)
生長狀態	生長緩慢	半休眠		生長			生長緩慢	休眠		生長		生長緩慢
		開花										
放置場所	木箱、屋簷下		戶外（通風良好處）				戶外（可遮雨處）		戶外（通風良好處）		戶外（※）	
給水	保持乾燥		充足水分（缽土乾燥就給水）			保持乾燥			充足水分（缽土乾燥就給水）			
施肥			液肥（有基肥就不需追肥）						液肥（有基肥就不需追肥）			
作業			換盆（播種、葉插、枝插、分株、修剪整形）						換盆（播種、葉插、枝插、分株、修剪整形）			
		噴灑殺蟲劑						噴灑殺蟲劑				

※通風良好日照充足處

瓦松屬

〔景天科〕

約10個品種廣為人知。和景天屬一樣,有小巧可愛的蓮座形成。很怕悶熱,夏季要注意高溫多濕,並在通風性良好的地方管理。

冬夏季要少量給水。比較耐寒,可以栽種在不會結霜的溫暖地區的屋簷下。秋天會開花植株會枯萎,匍匐莖前端會長子株的品種,可以利用子株來繁殖。

生育型	根的種類	難易度	原產地
春秋型	細根	＊＊＊＊	日本、中國等地

（子持蓮華）
伸出匍匐莖的植株。

〈花〉

子持蓮華
O.boehmeri

分布於北海道北部的海岸。從灰綠色的小型蓮座狀葉盤伸出匍匐莖,並於前端長出子株的模樣十分可愛。

直立的花莖長出穗狀的花。

八頭
O.japonicus f. polycephals

「爪蓮華」的一種,長出許多腋生枝,呈現群生狀態。從蓮座長出塔狀的白色粗花穗,底部會開花。

金星 *O. iwarenge'Kinbosi'*

日本原產岩蓮華的黃覆輪品種。形成完美的蓮座狀,直徑約7cm。春天會開白色的花,但開花沒多久就枯萎了。

富士 *O. iwarenge'Fuji'*

日本原產岩蓮華的白覆輪品種,斑紋在秋冬季會顯色。蓮座徑7cm。春天會開白色的花。

鳳凰 *O. iwarenge'Houou'*

日本原產岩蓮華的黃中斑品種。注意高溫多濕,夏季要遮光並儘量保持涼爽,減少給水。

爪蓮華
O.japonicus

細長的葉尖前端長出尖刺，很像動物的爪子故以此為名，生長季節在夏天。

〈花〉

呈塔狀直立生長開花。花期在10～11月。開花後容易枯萎。

生長在岩石上，蓮座在夏季會變大。披針形的葉尖有長針狀的突起物。

岩蓮華
O.iwarenge

日本特有種。以前都是生長在屋頂上。蓮座狀直徑約10cm。花序呈穗狀。

〈花〉

爪蓮華錦 *O.japonicus f. bariegata*

「爪蓮華」的黃斑種。葉尖在秋天時會染紅，花莖伸長並開出許多穗狀的白色小花。

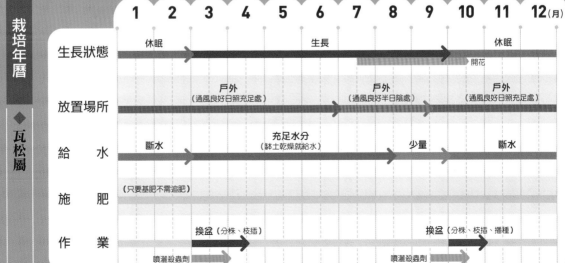

栽培年曆 ◆ 瓦松屬		1	2	3	4	5	6	7	8	9	10	11	12 (月)
	生長狀態	休眠				生長					休眠		
									開花				
	放置場所			戶外 (通風良好日照充足處)				戶外 (通風良好半日陰處)			戶外 (通風良好日照充足處)		
	給　水	斷水			充足水分 (缽土乾燥就給水)					少量		斷水	
	施　肥	(只要基肥不需追肥)											
	作　業			換盆 (分株、枝插)							換盆 (分株、枝插、播種)		
			噴灑殺蟲劑						噴灑殺蟲劑				

月美人屬 *Pachyphytum* 〔景天科〕

約10個已知種產自墨西哥，和擬石蓮花屬很類似。有許多品種是葉片豐厚，植株整體被白粉所覆蓋，莖幹直立生長若過於雜亂可整理過重新生長。十分耐寒。生育型態是春秋型，放在日照充足通風良好處管理即可。盛夏時生長較遲緩，少量給水並管理於半日陰處。被白粉覆蓋的品種要注意不要澆水在葉片上。

生育型	根的種類	難易度	原產地
春秋型	細根	＊＊＊＊	墨西哥

星美人 *P.oviferum*

倒卵形的藍綠色葉片被白粉覆蓋，葉尖及葉緣則帶有淡淡的紫紅色。天冷時葉片會轉成深紫紅色。

厚葉蓮

P.ametistinum

水潤豐厚的粉紅色葉片，變成紅葉時會呈現漂亮的紫色，著實美麗。很怕高溫多濕，要小心悶熱氣候，初夏開花。

養育訣竅
繁殖錦斑葉品種

即使拿有斑紋的葉片來葉插，還是會種出沒有錦斑的品種。把胴切過（➡ P23）的植株上發芽的子株切下拿來枝插，反而可以輕鬆地繁殖出錦斑品種的植株。

星美人錦 *P.oviferum f.variegata*

「星美人」的錦斑種。莖幹會直立生長，長出子株並群生。圖中的是把胴切過的植株上發芽長出錦斑品種的子株。

稻田姬

P. glatinicaule

圓滾滾又厚實的灰藍色葉片，葉尖帶點紫色，葉色在寒冷期會更加顯色。

月美人 *P.oviferum*

星美人的夥伴，葉色和葉形變種的就叫「月美人」和「桃美人」。紅葉期葉片會轉成粉紅色。

紫麗殿

P.'Shireiden'

淡灰紫色的葉片厚實呈倒卵形，葉片前端微尖。葉片在低溫期會轉成偏深的紫色。開花時會長高至20cm左右。

Pachyveria 屬

〔景天科〕

月美人屬和擬石蓮花屬的交配種，比較多品種是偏向擬石蓮花屬的形態，交配出的品種也逐年增加。耐寒，在溫暖地帶放在屋簷下即可渡冬。梅雨季起至夏季必須少量給水並保持乾燥，葉片若出現皺摺，就是要給水的信號。

立田 P.'Cheyenne'

別名「夏安」。被白粉覆蓋的葉片層層重疊，紅葉期會染上淡淡的粉紅色。隨著生長會長出子株。

生育型	根的種類	難易度	原產地
春秋型	細根	＊＊＊＊	交配種

霜之朝
P.'Exotica'

帶點藍色的綠葉十分美麗，葉尖在寒冷期會染上紅色，更加美麗動人。夏季務必遵守培育在通風不悶熱之處。

霜之朝錦
P. cv.'Simonoasita'
f. variegate

別名「粉撲」，被白粉覆蓋且厚實的白綠色葉片，是「霜之朝」的錦斑種，葉緣呈現粉紅色的紅葉。

立田錦 P.'Cheyenne'f. variegata

「立田」的錦斑種，厚實且細長的葉片上有白色的條斑。整體在秋天至冬天時會染成美麗的粉紅色。

4
多肉植物圖鑑

葉片多肉植物●月美人屬●Pachyveria 屬

栽培年曆

◆◆月美人屬 Pachyveria 屬

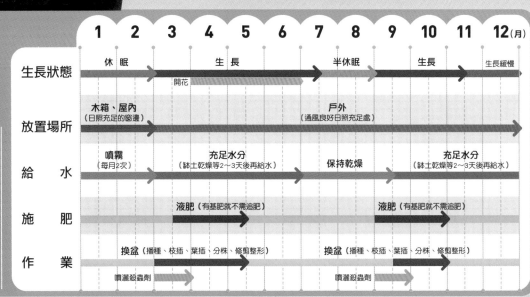

	1	2	3	4	5	6	7	8	9	10	11	12 (月)
生長狀態	休眠		生長				半休眠		生長			生長緩慢
		開花										
放置場所	木箱、屋內 (日照充足的窗邊)					戶外 (通風良好日照充足處)						
給水	噴霧 (每月2次)		充足水分 (缽土乾燥等2～3天後再給水)				保持乾燥			充足水分 (缽土乾燥等2～3天後再給水)		
施肥			液肥 (有基肥就不需追肥)						液肥 (有基肥就不需追肥)			
作業		換盆 (播種、枝插、葉插、分株、修剪整形)					換盆 (播種、枝插、葉插、分株、修剪整形)					
	噴灑殺蟲劑						噴灑殺蟲劑					

77

景天屬
Sedum

〔景天科〕

廣布於世界各地，有許多很受歡迎的品種，很常被拿來做組盆。

從落葉種到常綠種，一年草到多年草等非常大的屬別，依不同種類，性質也有所不同。春秋型，很多健壯的品種十分耐寒，在關東地區以西可以放屋外渡冬。討厭夏季的陽光直射，夏季要避雨，並放在半日陰通風良好處，且少量給水管理。換盆要在春秋季進行，秋天是最適合芽插的時期。

生育型	根的種類	難易度	原產地
春秋型	細根	＊＊＊＊	世界各地

白厚葉弁慶
S.allantoides

原產自墨西哥。草長15～20cm。莖葉有白粉覆蓋，顏色介於藍綠與綠白色之間，葉子呈圓棒狀。整年都愛好強烈的陽光照射。

珍珠萬年草
S.album 'Coral Carpet'

玉米石種中屬於大型的品種，地毯式擴張生長。低溫期會變成紫紅色的葉片，美如其名。

磯小松　*S.hispanicum*

又稱「薄雪萬年草」，紅色的莖上覆蓋一層細毛。下部分枝成線形，長滿了圓胖的葉片。

村上
S.hirsutum ssp. baeticum Winklerii

別名「Winkleri」。顏色明亮的葉片摸起來有點黏性，匍匐莖的生長方式。很怕夏季高溫多濕的氣候。春季至初夏會開出可愛的白色小花。

〈花〉

玉米石　*S.album*

又稱為「白花景天」。呈地毯式擴張生長，夏季時圓錐狀的花序會開出白色五瓣花。多數是園藝品種。

玉蓮　*S.furfuraceum*

別名「群毛豆」。生長至10～15cm，分枝的枝節上長滿帶有白色花紋的深綠色豆粒圓形葉片。夏天會開星形的白色花朵。

綠龜之卵
S.hernandezeii

長滿了表面光滑沒有裂痕的深綠色卵形葉片。日照不足會徒長，葉色也會變黯淡。

黃麗　*S.adolphi*

產自墨西哥，別名「月之王子」。高15cm。草綠色的葉尖略帶紅色。冬天需維持在3℃以上的溫度。

玉綴 S.marganianum

產自墨西哥。被白粉覆蓋的葉片整串垂下，長約20～30cm。因為不耐寒，冬天只能放室內。垂下的莖前端在夏秋季會開出淡紅色的花。

Sunrise Mom S.sunrise mom

別名「黃月」、「新立田」。紅葉期葉片的顏色會從橘色轉為紅色，讓人聯想到日出。利用莖插或葉插比較容易繁殖。

松葉景天
S.mexicanum

原產地不明的歸化植物。圓柱狀的線形葉片呈四輪生，花莖的葉則是互生。直立可生長至10～15cm，開出密集的深黃色花朵。

信東尼 S.hintonii

圓形的青綠色葉片上長滿了白毛。一開始長成蓮座狀，之後會開始長出莖幹。春天時花莖持續生長，會開出白色的星形花。

巧克力豆
S.hakonense'Chocolate ball'

被稱為是附生在樹上的松葉景天園藝品種，長得像松葉的葉片呈現深褐色。上面開滿了要把植株蓋過的黃色花朵。

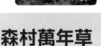
〈花〉

黃金丸葉萬年草
S.makinoi'Ogon'

日本原產「丸葉萬年草」的品種之一，容易種植。耐高溫耐乾燥，也很耐低溫，所以可輕鬆渡冬。

森村萬年草
S.japonicum f. morimurae'Gold'

日本原產細葉萬年草的變形種，健壯好種植，容易繁殖。金黃色的葉片猛一看就像花一般美麗。

銘月 S.adolphii

產自墨西哥。別名「名月」。直立朝上生長，偶爾斜上生長，高約20～30cm。披針形的黃綠色葉片在強光和低溫下會變成深黃色。

〈紅葉〉

虹之玉錦
S.rubrotinctum f. variegate

「虹之玉」的錦
斑品種。綠色的
葉片會漸漸染上
紅色，紅葉期會
漸漸加深顏色。
植株強健可養在
戶外。

三色葉 *S. supurium'Tricolor'*

高加索景天的覆輪品種，白斑上帶有粉
紅色，紅葉期粉紅色會加深。很常被拿
來做組盆。

白霜
S.spathulifolium ssp. pruinosum

帶點藍色的銀灰色
葉片呈小型的蓮座
狀，莖的前端會開
多朵黃色的花。葉
尖在秋天會轉紅並
長出新芽。

〈新芽〉

〈冬季時的紅葉之姿〉

虹之玉
S.rubrotinctum

微硬的莖上長出短小棍棒狀的紅
色葉片。春天到夏天的生長期是
綠色葉片，秋冬控制水分並給予
強烈的日光照射，會轉變成漂亮
的紅葉。

薄化妝
S.palmeri

產自墨西哥。草高10～15cm。莖的前端有薄薄的白
粉覆蓋，葉片呈重疊狀，莖呈直立或斜上生長，或
是垂下分枝。外葉在冷爽期會變成紅色。

〈花〉

莖前端長出花莖，長出許多
星形的黃花。

珍珠星萬年草
S.pallidum var. bithynicum

原產自歐洲的歸化植物。圓柱狀的細葉葉色是帶點藍色的淡綠色呈互生狀。春天至初夏時會開出許多五瓣的星形白花。

高加索景天
S. supurium

草高10cm，匍匐莖容易分枝，一株可延伸至60cm以上。其他還有粉紅色和奶油色入斑的種類，品種繁多。

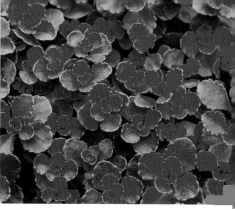

龍血
S.spurium'Doragon`s Blood'

高加索景天的銅葉品種，地毯式匍匐生長。
葉色在夏季高溫期會變成綠色。

〈低溫期的苗〉

乙女心
S.pachyphyllum

別名「厚葉弁慶」。長著2cm左右的黃綠色棒狀葉片，如嬰兒手指般。日照不足會讓葉尖呈現不均勻的紅色。

〈花〉

2～3月在靠近頂部的葉緣會長出花序，開出黃色小花。

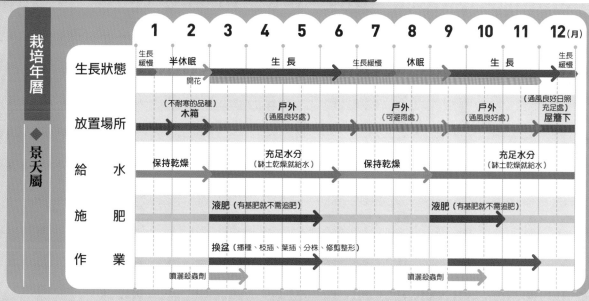

栽培年曆 ◆ 景天屬		1	2	3	4	5	6	7	8	9	10	11	12 (月)
	生長狀態	生長緩慢	半休眠 開花		生 長			生長緩慢	休眠		生 長		生長緩慢
	放置場所		(不耐寒的品種) 木箱		戶外 (通風良好處)			戶外 (可避雨處)		戶外 (通風良好處)			(通風良好日照充足處) 屋簷下
	給 水	保持乾燥			充足水分 (缽土乾燥就給水)			保持乾燥			充足水分 (缽土乾燥就給水)		
	施 肥		液肥 (有基肥就不需追肥)							液肥 (有基肥就不需追肥)			
	作 業		換盆 (播種、枝插、葉插、分株、修剪整形)										
			噴灑殺蟲劑						噴灑殺蟲劑				

長生草屬

〔景天科〕

分布於歐洲、高加索及俄羅斯中部的山岳地區，蓮座狀的多肉植物，容易交配所以據說有上千種園藝品種。

具有耐寒性，常被用來做庭園設計，放戶外可渡冬，但不耐夏日的高溫悶熱，夏季要避雨並遮光50%以上，還要少量給水保持涼爽。秋季至春季放在日照充足通風良好處管理，早春可進行換盆。切下子株可以進行繁殖。

生育型	根的種類	難易度	原產地
春秋型	細根	＊＊＊＊	歐洲中南部的山地等地

瞪羚　S.'Gazelle'

綠色與紅色的葉片呈蓮座狀生長，整體被白色細毛覆蓋。晚秋會轉成紅葉，很耐寒所以可放戶外渡冬。

Compte de Congae

S.'Compte de Cogae'

有點像是擬石蓮花屬的葉片，寒冷期會轉成黑紫色。很耐乾燥和耐低溫，整年可放戶外栽培。

〈冬姿〉

紫色的葉色會更顯色。

卷絹

S.arachnoideum

日本名為「蜘蛛巢萬代草」。葉尖長出白絲，從上面整個覆蓋在蓮座上就像蜘蛛網一樣。

〈花〉

花莖前端會開出10朵左右的粉紅色小花。

藤壺

S.'Fujitubo'

中型種，葉尖是巧克力色，整體長著如胎毛般的細毛。紅葉在寒冷期會變紅褐色。

〈紅葉之冬姿〉

82

紅薰花
S.tectorum var.

自生繁殖生長在歐洲中部。鮮綠色的葉片呈蓮座狀生長，葉尖為黑紫色。夏天會開出淡紅色的花。要注意避開夏季的高溫多濕。

大型卷絹
S.arachnoideum cv.

卷絹系交配種中的大型種。匍匐莖的前端會長出子株。從幼苗時期就會長成蜘蛛網狀。可放戶外栽培。

綾櫻
S.simbriatum

綠色的葉尖被染紅。葉色的特徵表象在春～秋季，生長時會從株元長出子株。

The Rocket
S.'The Rocket'

紅色卷絹系，寒冷期葉色會變得更顯色美麗。

市女笠
S.heuffeii 'Itimegasa'

中型種，前端尖銳又帶有亮綠色的葉片，整體都長有如胎毛般的纖毛。夏季要避開陽光直射，冬季則放置室內。

觀音蓮
S.tectorum

葉片呈倒卵狀披針形，綠色的葉尖染上紫紅色。在歐洲常被種植在屋頂上。

Lublin
S. hyb,

呈蓮座狀生長，莖從葉片中間直立生長。紫紅色的葉片遇到寒冷就會更加顯色，變得更美麗。

〈花〉

Sopot
S. hyb,

呈蓮座狀生長，莖從葉片中間直立生長，花莖的前端在冬天會開出淺桃色的花。葉片和花萼被細毛覆蓋。十分耐寒。

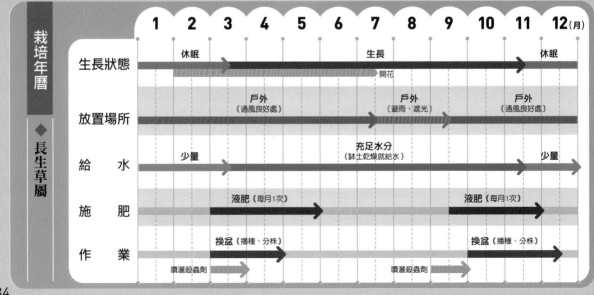

栽培年曆 ◆長生草屬		1	2	3	4	5	6	7	8	9	10	11	12 (月)
	生長狀態		休眠					生長				休眠	
				開花									
	放置場所			戶外(通風良好處)				戶外(避雨、遮光)			戶外(通風良好處)		
	給　水		少量				充足水分(缽土乾燥就給水)					少量	
	施　肥			液肥(每月1次)						液肥(每月1次)			
	作　業			換盆(播種、分株)						換盆(播種、分株)			
			噴灑殺蟲劑					噴灑殺蟲劑					

〈子株〉

Sinocrassula

石蓮屬

〔景天科〕

耐寒性強的小型多肉植物，有5個已知種。雄蕊與花瓣同樣都是5片，以及呈蓮座狀的葉片是其特徵。生長在雲南及喜馬拉雅的涼爽高山上，不喜夏季的高溫多濕。初夏起的整個夏季，要在通風良好且保持乾燥處管理。開花後植株就會枯萎，但植株周圍會長出子株。冬季要放在日照充足的室內或木箱，維持少量給水和保持乾燥，小心不要凍傷。

生育型	根的種類	難易度	原產地
夏、春秋型	細根	✳✳✳✳	中國

泗馬路
S.yunnanensis

產自雲南。和爪蓮華一樣的葉片，葉色是帶點黑色的深綠色，呈蓮座狀密集生長群生。日照充足葉色會變得更漆黑。

印度石蓮花　*S.indica*

葉尖呈現尖尖的舟形，整體是蓮座狀，高度約4cm的可愛小型種。秋天會變成通紅的紅葉。可利用子株繁殖。

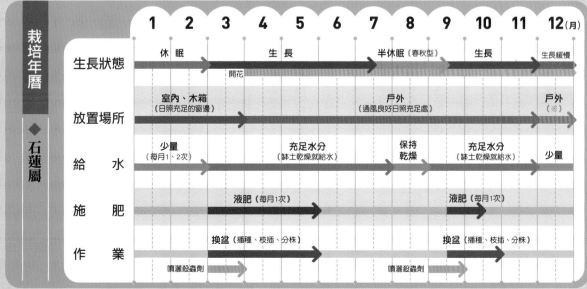

栽培年曆　◆　石蓮屬

	1	2	3	4	5	6	7	8	9	10	11	12 (月)
生長狀態	休 眠		生　長				半休眠（春秋型）			生長		生長緩慢
		開花										
放置場所	室內、木箱（日照充足的窗邊）			戶外（通風良好日照充足處）								戶外（※）
給　水	少量（每月1、2次）			充足水分（缽土乾燥就給水）			保持乾燥		充足水分（缽土乾燥就給水）			少量
施　肥			液肥（每月1次）						液肥（每月1次）			
作　業			換盆（播種、枝插、分株）						換盆（播種、枝插、分株）			
	噴灑殺蟲劑						噴灑殺蟲劑					

※不會結霜和吹到寒風的戶外

85

Aptenia

露草屬

〔番杏科〕

有2個品種分布於南非南開普州至川斯瓦、聖彼德斯堡等，地中海型氣候的溫暖地區。非常耐熱，盛夏時莖會在地面上呈現藤蔓狀生長，適合種植在夏季的花壇裡。常綠的卵形葉片帶有光澤，夏季中期會陸續開出鮮豔紅紫色的花。

它也十分耐寒，無霜地區可放戶外渡冬。不過錦斑種則須放在木箱，少量給水並管控不要低於5℃以下。

花蔓草錦
A.cordifolia 'Variegata'

有白覆輪的「花蔓草」，葉緣在天涼時會染成粉紅色變得更加美麗。需注意放在日陰處會無法開花。

生育型	根的種類	難易度	原產地
春秋型	細根	＊＊＊＊	南非

太陽玫瑰
A.cordifolia f. Variegata

也有以此名流通於市面的錦斑種。

〈花〉

花蔓草
A.cordifolia

呈藤蔓狀的柔軟枝節分枝匍匐於地面，上面長滿被細小乳狀突起物覆蓋的鮮綠色心形葉片。夏季會開紫紅色的花。

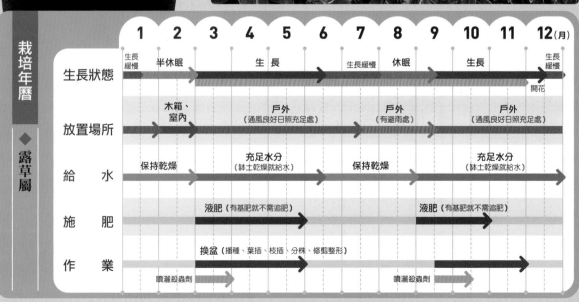

栽培年曆 ◆ 露草屬		1	2	3	4	5	6	7	8	9	10	11	12 (月)
	生長狀態	生長緩慢	半休眠		生 長			生長緩慢	休眠		生長		生長緩慢 開花
	放置場所		木箱、室內		戶外（通風良好日照充足處）				戶外（有避雨處）		戶外（通風良好日照充足處）		
	給　水	保持乾燥			充足水分（缽土乾燥就給水）			保持乾燥			充足水分（缽土乾燥就給水）		
	施　肥			液肥（有基肥就不需追肥）						液肥（有基肥就不需追肥）			
	作　業			換盆（播種、葉插、枝插、分株、修剪整形）									
		噴灑殺蟲劑							噴灑殺蟲劑				

Conophytum

肉錐花屬

〔番杏科〕

是被稱為女仙類中最具代表性的屬別，約有290種分布於原產地。2片葉片併在一起，形狀接近於球狀，分成「足袋形」、「馬鞍形」和「圓形」三大類別。有鮮豔花朵和葉色的模樣以及有透明葉片等各式各樣的品種。

一般來說一年會有1次，在初秋時會脫皮露出新葉。從秋天到春天的生長期要放在日照充足處管理。夏季進入休眠並斷水，初秋開始慢慢少量給水。冬季放在木箱內以防結霜。

生育型	根的種類	難易度	原產地
冬型	細根	＊＊＊＊	南非、納米比亞等地

寶殿 C.'Houden'

別名「寶殿玉」。會開出白底紫紅色的花。

蟹夾

C. bilobum

種小名是「分裂」之意。灰綠色霧面的葉片上長滿了細毛。裂葉的前端有紅色的邊緣線。

少將

C.bilobum

足袋形大型種。灰綠色植株高3～4.5cm，裂開呈V字形。秋天會開出直徑3cm左右的黃色小花。白天開花。

燈泡 C.burgeri

有窗種，高與直徑約3cm左右。植物體呈半透明的圓頂狀，頂部是球狀。整體是亮綠色，晚春休眠前會變成紅色。

寂光 C.frutescens

足袋形，灰綠色光滑的葉尖被染成紅色。植株枯萎後，莖幹會長高至15cm。橘紅色的花在初夏時會盛開。

花園

C.'Hanazono'

足袋形中型種。植株健壯可以輕鬆渡夏，適合初學者栽種。開出紅色或橘色的鮮豔花色是它的魅力。

開著黃花「花園」的其中一種。

群碧玉
C.minutum

產自南非。小型種，青綠色的葉片呈群生，植株徑卻長達20cm。秋天會從淺縫中開紫紅色的花。花徑1.8cm。

綠風鈴
C.Ophthalmophyllum longum

水嫩的綠色外皮呈圓筒狀，頂部長著半透明像角一樣的長橢圓形。秋冬季會開出淡粉帶點白色的花。

劇場玫瑰　　*C.'Opera Rose'*

愛心形狀的葉片生長出足袋形的小型種，很容易培育。會開出鮮豔的粉色大型花朵而成為人氣品種。花會在白天綻放。

水滴玉
C.minutum

長成球狀的葉片表面有少數的小斑點，可愛的模樣很討喜。秋季會開滿淡粉色的花。

勳章玉
C.pellucidum ssp.

小型短筒形的有窗種。自生於南非的廣大範圍，有各種葉窗的模樣和葉色。會從底部開出黃白色的花朵。

毛漢尼　　*C.maughanii*

又稱「馬哈尼」。長卵形的亮綠色葉片，晚秋起會開始染上紅色，到了寒冷期會變得更紅更美。會開白色花朵。

hillii *C. hilli* 特徵小小圓圓的模樣，葉片上有斑紋。

leucanthum
C.leucanthum

亮綠色的葉片呈細長的足袋形，是高8cm株徑20cm的大型種。葉片上幾乎沒有斑點。秋天會開白花。

養育訣竅
在枯葉覆蓋的休眠期完全斷水也沒問題

　　肉錐花屬的新葉在春天快速生長之時，外側的老葉會發黃枯萎。和生石花屬不同的是，肉錐花屬會直接被枯葉覆蓋住進入休眠。乍看之下會以為整株都枯萎了，其實是被乾燥的老葉保護至8月下旬休眠結束，放置在避開強光日陰涼爽處，就算完全斷水也沒問題。

　　休眠中若給水過度，或放在過熱的地方導致腐根，即使到了秋天也無法開始生長，所以休眠中要注意管理。

（肉錐花屬‧劇場玫瑰）
外皮覆蓋進入休眠。

（肉錐花屬‧綠風鈴）
外皮覆蓋休眠期結束。

〈花〉

珠貝玉
C.luisae

高1.8～2.8cm、寬1.5～2cm。心形的葉片，呈現青綠色和灰綠色，頂部葉緣和裂縫兩側轉紅色。團塊狀的叢生株。開黃色的花。

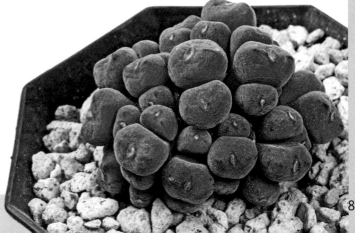

雛鳩
C.velutinum
C.'Hinabato'

青綠色的卵形小型種，葉高大約1.5～1.8cm。會開出白底桃紅色的美麗花朵。花徑約2cm，會在白天開花。

祝典 C.'Syukuten'
比較起來算大型種，肥大的2片葉片中間往內凹形成足袋形，群生的植株。花色是紅偏橘色，白天開花。

Puberulum
C.puberulum
青綠色的長心形葉片，會開黃色的花。

風鈴玉
C. (Ophthalmophyllum) verrucosum

葉片呈現微微被壓縮的紅褐色圓筒狀，柔軟的外表，頂部有許多小小的突起物。不太會群生。開出有光澤的白花徑約3cm。

〈花〉

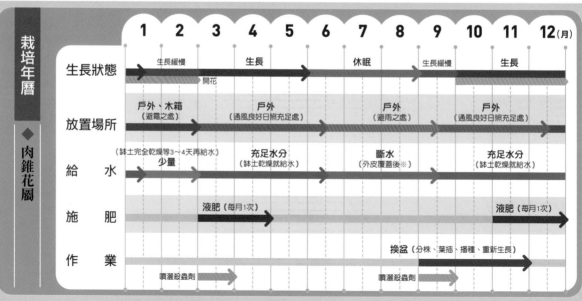

栽培年曆 ◆ 肉錐花屬		1	2	3	4	5	6	7	8	9	10	11	12 (月)
	生長狀態	生長緩慢		生長				休眠		生長緩慢		生長	
			開花										
	放置場所	戶外、木箱（避霜之處）		戶外（通風良好日照充足處）				戶外（避雨之處）			戶外（通風良好日照充足處）		
	給水	（缽土完全乾燥等3～4天再給水）少量		充足水分（缽土乾燥就給水）				斷水（外皮覆蓋後※）			充足水分（缽土乾燥就給水）		
	施肥			液肥（每月1次）							液肥（每月1次）		
	作業								換盆（分株、葉插、播種、重新生長）				
		噴灑殺蟲劑					噴灑殺蟲劑						

※每月1次噴霧

露子花屬
Delosperma

〔番杏科〕

約有140個已知種在西南非、南非、舊俄羅斯和阿拉伯半島自己生長繁殖。葉片有扁平狀、三稜形和圓筒狀等各種形狀，葉面平坦卻有乳頭狀突起物覆蓋著。和松葉菊屬是近親，十分耐寒，被稱之為「耐寒松葉屬」。植株健壯，會在地面匍匐擴散生長，常被用來當作草皮裝飾。

耐寒耐熱，花朵會從夏天開到秋天。冬期不會生長，但可耐寒至-15℃。

生育型	根的種類	難易度	原產地
夏、春秋型	細根	✳✳✳✳	南非等地

Fire Spinner
D.'Fire Spinner'

交配種，會開出黃色與橘色的雙色花朵。到了秋天氣溫下降，花色會變得更顯色。

雷童 *D.echinatum*

產自南非開普州。高約30cm，分枝成群生狀。枝節上有半透明的白色乳頭狀突起物毛茸茸的，嫩葉時特別美麗。

〈花〉

黃金之座 *D.nubigena*

草長5～10cm。長著三角錐狀的深綠色葉片，會匍匐在地面呈地毯式生長。天一冷或遇上寒冬，會轉成紅紫色的葉色。會開鮮黃色的花。

史帕曼
D.sphalmantoides

長著細長棍棒狀的青白色葉片，呈地毯式群生，不喜高溫多濕處。夏天要遮光少量給水管理。在早春時會開出紫紅色的花。

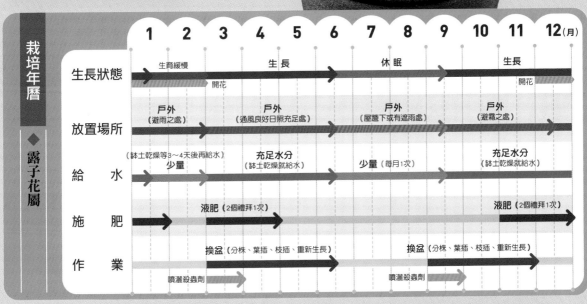

栽培年曆

◆ 露子花屬

	1	2	3	4	5	6	7	8	9	10	11	12 (月)
生長狀態	生育緩慢		生 長				休眠			生長		
		開花										開花
放置場所	戶外（避雨之處）		戶外（通風良好日照充足處）				戶外（屋簷下或有遮雨處）			戶外（避霜之處）		
給　水	（缽土乾燥等3～4天後再給水）少量		充足水分（缽土乾燥就給水）				少量（每月1次）			充足水分（缽土乾燥就給水）		
施　肥			液肥（2個禮拜1次）							液肥（2個禮拜1次）		
作　業			換盆（分株、葉插、枝插、重新生長）						換盆（分株、葉插、枝插、重新生長）			
	噴灑殺蟲劑						噴灑殺蟲劑					

Echinus (Braunsia)

碧魚連（白浪蟹）屬

〔番杏科〕

小型的女仙類同伴，有5種自己生長繁殖於南非南部的小型屬別，也有被歸類於白浪蟹屬的品種。直立生長的莖幹上長滿厚實的小型葉片，並呈匍匐生長，冬季至早春會開粉紅色花朵。

比較起來較耐寒，關東以西的溫暖地區只要避開結霜，就可以整年栽培在戶外。生長期需要日照充足，但夏季需要避開強烈日照和雨水，並放置在通風良好的半日陰處，少量給水。冬季要維持在0℃以上。

生育型	根的種類	難易度	原產地
冬型	細根	＊＊＊＊	南非

〈花〉 花的直徑約2cm，會開滿覆蓋過植株。

碧魚連
E.maximiliani

莖長15～20cm，匍匐生長並下垂，葉尖有些透明。長滿像魚的葉片，冬季至早春會開出許多粉紅色的花，是很有人氣的植株。

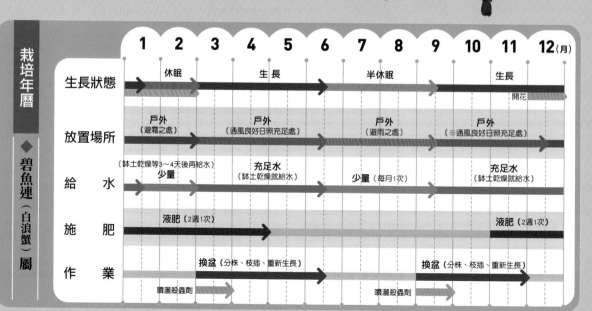

栽培年曆

◆ 碧魚連（白浪蟹）屬

	1	2	3	4	5	6	7	8	9	10	11	12 (月)
生長狀態	休眠		生　長				半休眠			生長		
											開花	
放置場所	戶外（避霜之處）		戶外（通風良好日照充足處）				戶外（避雨之處）			戶外（※通風良好日照充足處）		
給　　水	（缽土乾燥等3～4天後再給水）少量		充足水（缽土乾燥就給水）				少量（每月1次）			充足水（缽土乾燥就給水）		
施　　肥	液肥（2週1次）										液肥（2週1次）	
作　　業		換盆（分株、枝插、重新生長）					換盆（分株、枝插、重新生長）					
	噴灑殺蟲劑					噴灑殺蟲劑						

※避霜之處

〈花〉
黃色的花徑4cm。

Faucaria

肉黃菊屬

〔番杏科〕

約有33種分布於東開普州與卡魯丘陵地帶。剛開始呈無莖狀，變成老株後就會開始分株，比較起來算好種植的女仙類夥伴，特徵是開成三角狀的葉片，其葉緣上長滿了鋸齒般的尖刺，主要是開黃色的花。不耐高溫多濕，要注意放置在通風性佳可避雨之處，夏天可選擇斷水，或是少量給水。雖然耐寒，但冬天還是要放在避霜的木箱或室內較安心。

生育型	根的種類	難易度	原產地
冬型	細根	✳✳✳✳	南非

荒波 *F.tuberculosa*
菱形狀的厚實葉片長2cm，3～4對密集重疊生長。葉色為深綠色，葉緣有3～4對銳利的鋸齒，葉片表面串連生長著瘤狀突起物。

〈花〉

怒濤
F.tuberculosa

「荒波」的變種。葉片表面長有很大的突起瘤狀物，起伏激烈，還長有齒狀的突起物，因此看起來更尖銳。

四海波 *F.tigrina*
本屬最具代表性的強健植株。菱形的灰綠色葉片上有許多的白點，也有銳利的鋸齒，呈對生狀。葉片密集重疊。花徑約5cm，開著鮮豔的黃花。

栽培年曆
◆ 肉黃菊屬

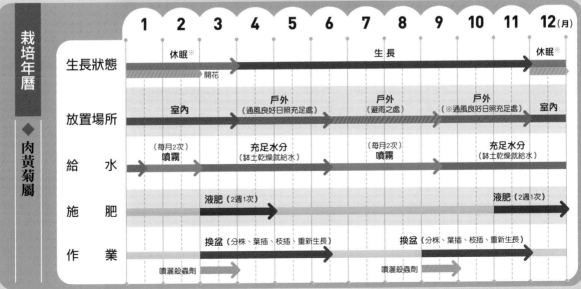

	1	2	3	4	5	6	7	8	9	10	11	12 (月)
生長狀態	休眠※		開花			生 長						休眠※
放置場所	室內			戶外（通風良好日照充足處）			戶外（避雨之處）		戶外（※通風良好日照充足處）			室內
給 水	（每月2次）噴霧			充足水分（缽土乾燥就給水）			（每月2次）噴霧			充足水分（缽土乾燥就給水）		
施 肥			液肥（2週1次）							液肥（2週1次）		
作 業			換盆（分株、葉插、枝插、重新生長）					換盆（分株、葉插、枝插、重新生長）				
		噴灑殺蟲劑					噴灑殺蟲劑					

※5℃以下則不休眠　※避霜之處

Gibbaeum

藻玲玉屬

〔番杏科〕

有21種已知品種分布於南非開普州的丘陵地帶，分成無莖種和有莖種。葉片形狀左右不對稱，從球形到細長形的，還有圓錐狀的變化十分豐富，花色也是有白、黃、紫紅色等各式各樣的顏色。

葉片整年都不會凋零，會分球群生，所以容易繁殖。

夏季管理重點，必須要放置在通風良好的半日陰處，並完全斷水讓它休眠。在冬季則可以放置在屋簷下的戶外。

生育型	根的種類	難易度	原產地
冬型	細根	＊＊＊＊	南非

無比玉 G.dispar

卵形白綠色的葉片不對稱。一對葉片中間會長出新的葉片。花徑2.5cm的粉紅色花朵會從秋天開至冬天。

春琴玉 G.petrense

小型的球狀植株，葉片是白綠色。長1cm左右的葉片會開出2、3對，並長出許多枝節形成群生株。新葉間會開出粉紅色的花朵。

苔蘚玉 G.shandii

別名「銀鮫」。葉片像是前端打開的卵形或圓筒形，左右不對稱，上面有細毛覆蓋著。生長末期會有2～3對葉片。開的花是紅中帶點桃紅的花色。

栽培年曆

◆對葉花屬　◆藻玲玉屬

		1	2	3	4	5	6	7	8	9	10	11	12 (月)
生長狀態		生長緩慢		生長			休眠			生長		
			開花									開花
放置場所		戶外（避霜之處）		戶外（通風良好日照充足處）			戶外（避雨之處）			戶外（通風良好日照充足處）		
給水		少量（※）		充足水分（缽土乾燥就給水）			斷水・噴霧（每月1次）			充足水分（缽土乾燥就給水）		
施肥		液肥（2週1次）									液肥（2週1次）	
作業			換盆（分株、葉插、枝插、重新生長）							換盆（分株、葉插、枝插、重新生長）		
		噴灑殺蟲劑					噴灑殺蟲劑					

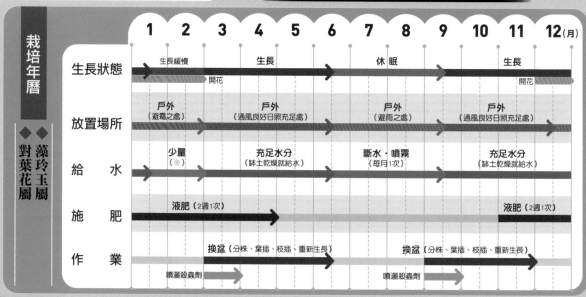

※缽土完全乾燥等3～4天後再給水

Lithops
生石花屬

〔番杏科〕

被譽為「活寶石」的女仙類屬別。有許多顏色的葉片，長得又像石頭可保護自己不被動物啃食。夏季休眠，進入休眠前，外側的老葉會枯萎並等裡面的新葉長出後再自行脫皮，會不斷循環生長。

愛好陽光，要放在日照充足通風良好處，夏季要進行遮光並放在半日陰處，給予適當的濕度；秋季的生長期要開始慢慢給水；冬季則不要過度給水避免腐根，保持乾燥管理。

（朱唇玉）➡ P96

生育型	根的種類	難易度	原產地
冬型	細根	＊＊＊＊	南非、納米比亞等地

〈花〉

日輪玉 L.aucampiae

高度很低的倒圓錐形，高2cm、直徑2.2cm。紅褐色的葉片，裂縫很淺。扁平的頂部有黑褐色的線條及斑點，秋季會開出黃色的花。

Aurea L.fulviceps f. aurea

別名「黃微紋」。形狀呈低矮倒圓錐形，黃綠色的頂部有條狹窄又淺的裂縫。

網狀巴里玉 L.hallii

是從「巴里玉」培育出來的品種，也可隸屬於「富貴玉」系或是「紅露美玉」的交配種。紅褐色的葉窗帶有網狀斑紋非常搶眼，會開黃色的花。

葉片多肉植物 ● 藻玲玉屬 ● 生石花屬

95

養育訣竅
夏季不休眠來澆水吧

生石花屬和肉錐花屬一樣是屬於邊「脫皮」邊進行新舊交替的植物。不過兩者不同的是，生石花屬會被外皮完全覆蓋，每年會進行2～3次的脫皮。特別是幼苗時期會達到5～6次脫皮。

雖說休眠期和脫皮時要斷水會比較好，但不讓生石花屬休眠會得到比較好的結果。夏季需要水分，倘若不知道該怎麼給水，避免根部過乾，把濕毛巾或濕海綿放在生石花屬的盆器底下，防止過度乾燥，尤其是幼苗必須要維持一定程度的濕氣，需給予適當水分。

「繭形玉」外側的皮出現皺摺就是開始脫皮的暗示。

福來玉
L.fulleri

葉片呈灰白色，扁平的頂部全被葉窗給占據。凹陷的葉窗顏色介於灰褐色至紫褐色間。秋季會開出白色的花。

赤褐丸貴玉
L.hookeri var. marginata

灰褐色的頂端，有深色的網狀斑紋。

朱唇玉
L.karasmontana'Top Red'

倒圓錐形的灰黃色植株。頂部呈凹陷的紅褐色枝狀花紋，是強調色彩鮮豔花紋玉的改良品種。秋天會開白色的花。

〈花〉

白花黃紫勳　*L.lesliei'Albinica'*

別名「Albinica」。生長高度很低的倒圓錐形植株，葉窗整體有不透明的黃色花紋。秋季會開出混一點深桃色的白色小花。

紫勳・金伯利
L. lesliei 'Kimberly form'
和葉窗內有枝狀花紋的「紫勳」品種不同，窗內細膩的花紋是其特徵。頂部是淡黃褐色帶點灰色，葉窗和斑點是深灰綠色。

寶留玉　L.lesliei var. hornii

葉高3～4cm的中大型種。植株高度為偏低的倒圓錐形，裂縫又淺又窄。頂部平坦呈黃褐色，葉窗和斑點是深黃色。

繭形玉
L.marmorata

圓錐形，裂縫深1cm，偏寬。灰綠色的頂部膨起，葉窗大片呈深灰綠色，上面有灰色的斑點。

養育訣竅
避免澆水過多預防裂開

春季一到，外側的老葉枯萎，植株中心分裂成兩半，從中心長出新的葉片。

新葉會吸收老葉的養分和水分來成長，此時若給過多的水和施太多肥料，會導致植株又開始分裂進行二次脫皮，要特別小心。

開始分裂的「繭形玉」。

二次脫皮的生石花屬。

〈花〉

大公爵
L.schwantesii'Triebneri' form

和「招福玉」不同。黃褐色的頂部中間染成灰綠色，邊緣被黃褐色整圈包覆住，中間會開出黃色的花。

大津繪
L.otzeniana

葉高2～3cm的中型種。倒圓錐形的裂縫很深。灰綠色的底色上有大型的網狀花紋。圖中是底色為綠色很稀有的品種。

紅大內玉 *L.optica*'Rubra'

葉長徑為3cm的中型種。整體呈桃紅色，頂部染成紫紅色，冬天會呈現紅色。可靠實生和分株繁殖，但本體很脆弱。

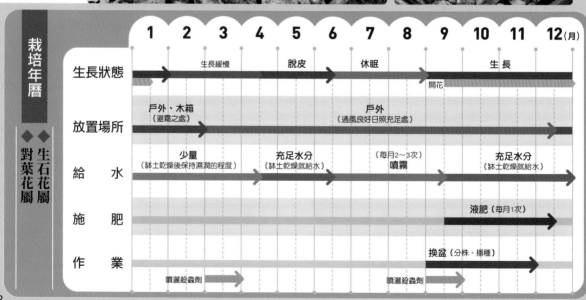

栽培年曆		1	2	3	4	5	6	7	8	9	10	11	12 (月)
	生長狀態		生長緩慢			脫皮		休眠		開花	生 長		
對葉花屬 生石花屬	放置場所		戶外、木箱（避霜之處）				戶外（通風良好日照充足處）						
	給　水		少量（缽土乾燥後保持濕潤的程度）			充足水分（缽土乾燥就給水）		（每月2～3次）噴霧			充足水分（缽土乾燥就給水）		
	施　肥									液肥（每月1次）			
	作　業								換盆（分株、播種）				
			噴灑殺蟲劑					噴灑殺蟲劑					

98

（帝玉的花）
花開 5～7 天左右。

Pleiospilos

對葉花屬

〔番杏科〕

有35個已知種分布於開普州卡魯和奧蘭治自由邦。屬名Pleiospilos為葉片上有顯著斑點之意，如其名植株上有斑點的肥厚圓葉呈2～3對生長，是女仙類同伴內有最大且最厚的葉片。在日本也有栽種出園藝品種。花大部分都是黃色，大朵的花蕊。花莖並不會長得太長。葉片厚實的品種，在春秋的生長期要照射充足的陽光，盛夏則是要斷水並放在通風良好涼爽的地方。

生育型	根的種類	難易度	原產地
冬型	細根	✳✳✳✳	南非

帝玉 *P.nelii*

卵形，從中間分成兩半長出兩片葉片，長有2～3對葉片。表皮是帶點淡紅色的灰綠色，被透明的斑點覆蓋。

鳳卵 *P.bolusii*

半圓形頂部平坦且厚實的葉片，葉尖呈下巴狀，長約4～7cm。亮灰綠色的外表上有許多深綠色的斑點。

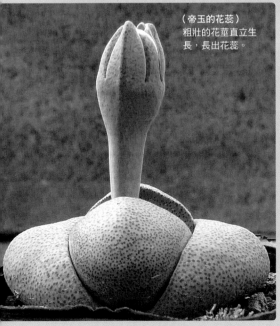

（帝玉的花蕊）
粗壯的花莖直立生長，長出花蕊。

（帝玉的花）橘黃色的花，花徑約6～7cm。一朵花可開5～7天左右。

栽培年曆 ➡ P98

Aloe

蘆薈屬

〔獨尾草科〕

從小型種到養育成大木有木立性等各式各樣的蘆薈品種。木立蘆薈和食用性庫拉索蘆薈較廣為人知，當作多肉植物栽培的小型種，細長的葉片形狀十分美麗。
日照不足會造成徒長，必須日照充足。雖然也有放在戶外也能渡冬的品種，但遇霜會凍傷，冬天要放在屋簷下或木箱裡保護養育。大部分植株都是用分株繁殖。

生育型	根的種類	難易度	原產地
夏型（一部分春秋型）	粗根	＊＊＊＊	南非、馬達加斯加、阿拉伯半島

木立蘆薈錦
A.boiteani

自古以來就是木立蘆薈的錦斑種，葉片上有白色的長條紋。植株健壯，可以放在不會結霜的溫暖地區戶外栽培。

木立蘆薈
A.arborescens

產自於南非。被稱為「無需求醫」的植物，在蘆薈屬中最為普及，可以用露地栽培。

〈花〉

綾錦　*A.aristata*

別名「細葉木立蘆薈」。小型無莖種。披針形葉片形成多數的蓮座。葉尖呈鋸齒狀，葉緣和葉背有白色的刺。長長的花柄前端會開紅黃色帶狀的花。

第可蘆薈
A.descoingsii

蘆薈中最小型的。厚實的三角形葉片呈星形的蓮座狀排列。春天會開橘色的花。

鯱錦　*A.longistyla*

別名「百鬼夜行」。無莖的中型種。細長的葉片往上生長，蓮座徑約20cm。
早春，在又粗又短的花莖前端會開出紅色的花。

鬼切丸　*A.marlothii*

粗粗的顆粒感，葉片外側長滿尖銳的刺並呈蓮座狀生長。在南非和庫拉索蘆薈同樣是食用蘆薈。

不夜城 *A.nobilis*

底部有許多分枝，深綠色的葉片，葉緣長滿黃白色的尖刺。常被人猜測是木立蘆薈和三角蘆薈的交配種。

不夜城錦 *A. nobilis variegata*

健壯的「不夜城」錦斑種，黃色的斑在日照充足的養育下更加顯色。夏季會開出深橘紅色呈穗狀的花。

Sinkatana
A.sinkatana

原產地在蘇丹。無莖很容易群生的品種。青綠色的葉片上覆蓋著白粉，有不規則的斑點。

千代田錦
A.variegata

別名「虎皮蘆薈」，深綠色葉片表面有白色的直條紋，葉緣也帶有白邊。短小的花莖會開出穗狀的橘色花朵。

翡翠殿 *A.juveuna*

淡黃綠色的小型卵狀三角形葉片上有淡淡的斑點，葉背與葉緣都有短刺。葉片長滿到看不到莖幹。

龍山錦 *A.brevifolia*

淡青綠色呈三角狀的厚實葉片，是無莖的小型種。是「龍山」的錦斑園藝品種，有奶油色條紋的蓮座非常美麗。

千代田之光
A.variegata

「十代田錦」的錦斑種，葉片上有黃色直條紋和白色橫條紋。夏季要避免強光照射及不過度給水。

4

多肉植物圖鑑

葉片多肉植物 ● 蘆薈屬

101

（開花的庫拉索蘆薈）伸長的花莖開
出穗狀的黃花，雖然是往下生長，
但種子不易形成。

庫拉索蘆薈
A.vera

常被拿來當藥用蘆薈，耐寒也耐熱，生長速度快，容易栽培。

慈光錦
A.striata

別名「口紅蘆薈」。被白粉覆蓋的藍
綠色葉緣還帶著白邊，在強光照射下
會染上美麗的粉紅色。無刺。

多倫黑
A.rauhii'Dorian Black'

深綠色的葉片原本的顏色偏
黑才得此名。好好照射陽光
養育，顏色會變更深。不耐
寒冷。

〈花〉

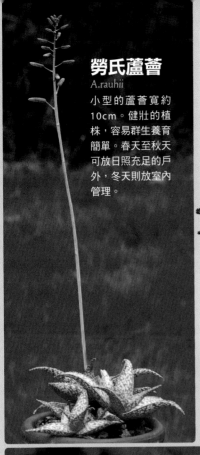

勞氏蘆薈
A.rauhii

小型的蘆薈寬約10cm。健壯的植株，容易群生養育簡單。春天至秋天可放日照充足的戶外，冬天則放室內管理。

Flamingo　A.'Flamingo'

強健的交配種。綠葉上遍布了雪花般的紅色突刺，秋天到冬天會呈現鮮豔的紅色，到了夏天又恢復成深綠色。

唐尼
A.'Donnie'

橘色的葉緣，葉片上長滿了橘色的突起物。是交配種，容易群生，養育容易。夏天會開出橘色的花。

（勞氏蘆薈）

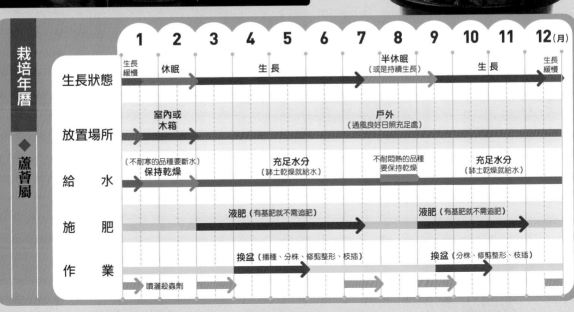

栽培年曆

◆ 蘆薈屬

	1	2	3	4	5	6	7	8	9	10	11	12 (月)
生長狀態	生長緩慢	休眠		生長				半休眠（或是持續生長）		生長		生長緩慢
放置場所		室內或木箱					戶外（通風良好日照充足處）					
給水	（不耐寒的品種要斷水）保持乾燥				充足水分（缽土乾燥就給水）			不耐悶熱的品種要保持乾燥		充足水分（缽土乾燥就給水）		
施肥				液肥（有基肥就不需追肥）						液肥（有基肥就不需追肥）		
作業				換盆（播種、分株、修剪整形、枝插）						換盆（分株、修剪整形、枝插）		
		噴灑殺蟲劑										

103

臥牛屬

Gasteria

〔獨尾草科〕

自己生長繁殖在南非與納米比亞的濕地。根為牛蒡根，厚實又硬的葉片呈互生，或是呈放射狀往外擴散生長是其特徵，市面上流通的是小型種。生育型是夏型，但也不太耐熱，所以也會被分類至春秋型。

可放在通風良好的屋外管理，但夏季要注意避暑並遮光50%以上，冬季避免凍傷則拿進室內管理，需維持5℃以上。春秋季則是持續給水不要讓缽土乾燥。

「臥牛」是以實生流通，個體差距很大。

生育型	根的種類	難易度	原產地
夏型	粗根	＊＊＊＊	南非

子寶錦 *G.gracilis var. minima f.variegate*

虎之卷的變種，小型的「子寶」錦斑種，入斑的花紋各式各樣。會長出許多子株，很容易繁殖。

臥牛 *G.armstrongii*

臥牛屬的代表種。光滑的深綠色呈舌狀的葉片往左右兩邊生長。葉面有點粗粗的。夏冬季要減少給水。

聖牛殿錦 *G.beckeri hybrid f. variegata*

是「聖牛」的交配種「聖牛殿」的錦斑種。
與葉片是輪生的「聖牛」相比，此種的葉片是左右對生。

白雲臥牛龍 *G. armstrongii hybrid*

厚實的葉片上有許多的白色斑點是其特徵。

白肌臥牛 *G.glomerata*

群生的微小型種。肥厚的葉片是帶點白色的深綠色。要小心在多濕的地方會長出黑色斑點。

磯松錦 G.gracilis albovariegata

最初是長劍狀的互生葉片，之後會漸漸偏向微螺旋狀的葉片。葉上有白斑和不規則的綠色紋理。

白星龍 G.verrucosa

劍狀的葉片，深綠色的底色上面長滿了白色突起物，看起來十分美麗。一開始葉片會往上直立生長，之後的葉片會在底部呈水平狀，只有前端會往上生長。

翠牛 G.sp.

長長的深綠色葉片上帶點微突起的白色斑點，葉緣長出鋸齒狀的突起物。群生植株。

比蘭西臥牛 G.pillansii

舌狀的葉片，厚約1.5cm，深綠色的底色帶點褐色，呈左右互生。若放在日照不足的地方會造成葉片徒長，顏色也會變得不好看。

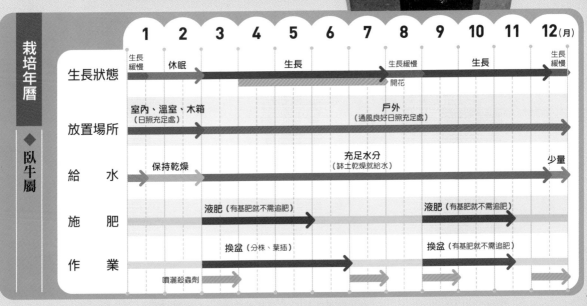

栽培年曆 ◆臥牛屬		1	2	3	4	5	6	7	8	9	10	11	12 (月)
	生長狀態	生長緩慢	休眠			生長			生長緩慢	生長			生長緩慢
								開花					
	放置場所	室內、溫室、木箱（日照充足處）						戶外（通風良好日照充足處）					
	給　水	保持乾燥						充足水分（缽土乾燥就給水）					少量
	施　肥			液肥（有基肥就不需追肥）						液肥（有基肥就不需追肥）			
	作　業			換盆（分株、葉插）						換盆（有基肥就不需追肥）			
			噴灑殺蟲劑										

巨大赤線玉露
H.'Kyodai Akasen Lens'
透明度高的「玉露」，有很大的葉窗是其魅力。前端微尖的葉片密集生長，有不易徒長的特徵。

十二卷屬
〔獨尾草科〕

分布於南非陰暗岩石邊。小型種，葉片的形狀與葉色變化豐富。葉片柔軟的為軟葉系，表面有半透明的「窗」，喜歡光線微弱的環境，適合放在可遮避陽光直射的柔和光線下管理。

葉片無「窗」的硬葉系，比軟葉系還要喜歡光線照射，生長比一般軟葉系還要旺盛。夏季的休眠期給水過度會造成腐根，夏天每月只須少量給水2～3次。冬季則放在室內養育。

生育型	根的種類	難易度	原產地
春秋型	粗根	＊＊＊＊	南非

玉露　*H.cooperi var. truncata*
「玉露」也是姬玉露的暱稱。圓潤的葉片前端有半透明的葉窗，還可以透光。

水牡丹
H.arachnoidea
蕾絲系十二卷屬的代表，無莖植株蓮座的直徑8cm左右。披針形的葉片，軟質呈現淡綠色。前端有半透明的葉窗。

姬玉露
H.cooperi var. truncata
別名為「紫玉露」和「多德森玉露」，紫色的植株分外美麗。全年都要放在明亮的半日陰處管理。

金城　*H.margaritifera f. aureo variegata*
蓮座徑8cm。是有星狀白點和黃色條紋的品種。整年都要放在遮光處管理，冬季減少給水並移入室內。

西島康平壽
H.emelyae var. comptoniana
軟葉系的大型種，有直徑8～10cm的蓮座。葉片頂部為三角形，葉面上有亮面的縱線和網狀的花樣。

十二之卷　*H.attenuata H.fasciata*
硬葉系十二卷屬的代表。主要特徵是葉片外側的白條紋。原生種的是細白線，粗白線的叫作「霜降十二卷」。

小花朵從直長的花莖上端綻放。

〈花〉

玉露錦 H.cooperi var. truncata f. variegata

有如軟葉系十二卷屬代表「玉露」的錦斑種。整體有橘色和淡黃色的斑紋，十分美麗。

刺玉露錦 H.cooperi var. pilifera variegate

別名「白斑刺玉露錦」，白色的模樣十分美麗。喜好柔和的光線，若會照射到強光時要小心會造成葉燒。

克里克特錦

H.correcta f. variegata

長3cm的葉片直立生長，半透明的葉片頂部有線狀如電路板的花紋錦斑種。進入冬季顏色會更加顯著。

〈子株〉

由實生中誕生的子株。

美豔壽錦

H.magnifica var. splendens f. variegata

三角狀的紅黑色葉片，是美豔壽的錦斑種。在強光下栽種，到了秋冬季，紅色會更加顯色。

松之霜 H.radula

硬葉系十二卷屬。前端尖尖的深綠色葉片正反面整體都有細細的白色斑點，看起來就像結霜一般。

瑠璃殿 H.limifolia

細尖狀的葉尖，暗綠色的葉片呈風車狀生長，蓮座徑8～12cm。葉片正反面皆有浮在葉片上的橫條紋。

京之華錦

H.cymbiformis var. angustata f. variegata

柔軟的亮綠色葉片上有白黃色的條紋。整年都要遮光管理，但盡可能在微弱的光線下培育。

綠玉扇　H.'Lime Green'

「玉扇」系的交配種。亮黃綠色的葉片呈一列並排生長，染成橘色的葉片從外側開始枯萎，很容易群生。

萬象錦　H.maughanii f. variegata

「萬象」的錦斑種，深綠色的葉片上有黃色散狀斑紋。葉片頂部呈透明狀，有白色的花紋。照片上為根插繁殖的植株。

〈花〉

長花莖上開滿許多白色小花。

萬象雪國　H.maughanii

「萬象」的園藝品種。植株長大後，半透明的葉窗上會長滿細細的白線，都朝著正中間的粗白線生長。

萬象稻妻　H.maughanii

生長緩慢，植株長大後，在看起來斷面切得很俐落的葉片頂部的葉窗上，長滿了清楚的白線，看起來很漂亮。

萬象筋斑　H.maughanii f. variegata

長有筋斑的「萬象」園藝品種。

稻妻萬象錦　H.maughanii f. variegata

葉頂的葉窗上有用白線描繪的斑紋，長年養育下，白線會變得更顯眼。

萬象雨月　H.maughanii

很有名的窗邊植物「萬象」的園藝品種，葉窗內有複雜的花紋，葉色帶點淡淡的褐色。

萬象紫晃　H.maughanii

帶有紫色的葉片是很稀有的品種，且葉窗內有白線是很美麗的種類。

史普壽　H.springbokvlakensi

別名「水晶球」。無莖種，蓮座徑約7cm。茶綠色的葉片切斷面上有長短不一的線。生長速度十分緩慢。

鷹爪十二卷　H.reinwardtii

葉背有白色顆粒的葉片為深綠色披針形。前端往內彎曲，呈螺旋狀的塔狀生長，之後植株會倒臥。

達摩玉露
H.obtusa

在「玉露」中葉片特別圓潤的稱為「達摩」。透明的圓形葉窗染成紅葉，看起來就像紅色的達摩。

水晶　*H.obtusa'Suishiyou'*

「玉露」其中一種，葉片頂部的葉窗又大又白，就像水晶般美麗。還有「黑水晶」和「綠水晶」。

黑玉露錦

H.obtusa f. variegate
H.cooperi var. truncata f. variegate

葉片上帶點黑色的「玉露」就叫作「黑玉露」，原種是有奶油色的斑紋，還有很大的葉窗。

玉章
H.obtusa var. pilifera f. truncata

葉片頂部呈圓形，有白色的線條且透明感十足。很怕陽光直射也不耐熱，光線太強會使透明度降低。

壽寶殿　*H.retusa hyb.*

葉片前端呈尖狀，頂部有葉窗且有筋斑。晚春時花莖會生長並開出白色小花。從大型到小型種都有，變化十分豐富。

美吉壽　*H.emelyae var. major*

無莖，蓮座的圓徑約8.5cm，長長的葉片整體都長有鋸齒，葉片帶有3條白綠色的粗條紋。別名「微米」。

鏡球　*H.'Mirror Boll'*

玉露系的交配種。植株相較之下較健壯，易群生繁殖力也強。深綠色的葉片上長有細細的刺，也有許多小葉窗。

雪景色
H.'Yukigeshiki'

是微米與美豔壽的交配種。有大葉窗，承接微米的白色花紋十分美麗。也有葉片一整面都呈現白色的品種。

寶草錦 *H. × cuspidata f.variegata*

雜交種「厚葉寶草」的錦斑種。植株健壯易群生。葉面上有縱向的筋斑，或是有奶油色的大片花紋，有各種錦斑品種。

祝宴 *H.turgida*

前端呈尖刺狀，葉面寬大的亮綠色葉片擴張生長是其魅力。葉尖會染上橘色。要放在通風良好且明亮的場所栽種。

Stilbaai
H.turgida 'Stibaai'

肥厚的葉片，有大片的透明葉窗，還有美麗的筋斑。綠色葉片在紅葉期會從黃色轉成橘色。

花鏡 *H.turgida var. turgida*

亮綠色的細長葉片是其特徵，上面有白色筋斑尤其美麗。植株易群生，容易種植也是它的魅力之一。

Heidelberger
H.turgida'Heidelberg'

多肉質的細長葉片是其特徵。深綠色的葉片，葉緣長有細刺。天冷就會染成帶點紫色的紫褐色。

龍城錦 *H.viscosa f.variegata*

「龍城」的錦斑種。深綠色的三角狀葉片上有美麗的橘黃色錦斑。從底部長出匍匐莖群生。

老虎壽錦
H. cv.'Tiger Pig'f. variegata

是「毛蟹」和磨面壽的交配種。容易群生的品種，但也會長出沒有錦斑的子株。在強烈光線下養育，錦斑會染成橘色。

象牙之塔 *H.tortuosa f. variegate*

被稱之為龍城的雜交種。三角狀的葉片上有黃色錦斑，葉片表面有凹槽。會從底部群生。

五重之塔
H.tortuosa

龍城的雜交種。植株會往上生長，從底部群生。別名「小天狗」和「龍宮城」。

厚葉寶草
H. × cuspidata

壽寶殿和寶草的雜交種。無莖種，蓮座徑5～6cm。有壽寶殿的特徵，也有微尖的葉尖。

天使之淚
H.'Tenshi-no-Namida'

葉片上有各種白色花紋的硬葉系十二卷屬的夥伴。是瑞鶴的交配種，特徵在於白色的花紋就像眼淚般滑下。

玉扇
H.truncata

呈兩排互生的蓮座整齊排成一列，從中心呈扇狀展開。葉片頂部呈水平切齊的形狀群生。

玉萬錦 *H.truncata × maughanii*

植物體的頭部像是被刀刃水平切齊的「玉扇」和「萬象」的交配種。儘量放在日照充足的場所管理，但盛夏時要做好遮光預防葉燒。

大型玉扇
H.truncata

「玉扇」的大型品種，厚實葉片，葉窗也特別大。

未命名玉扇 *H.truncata*

葉窗上半部有明顯的白線是其特徵。

壽 *H.retusa*

無莖種，蓮座徑7～9cm。容易群生。三角形的半透明葉窗上有淡淡的白線。葉片往5個方向生長。

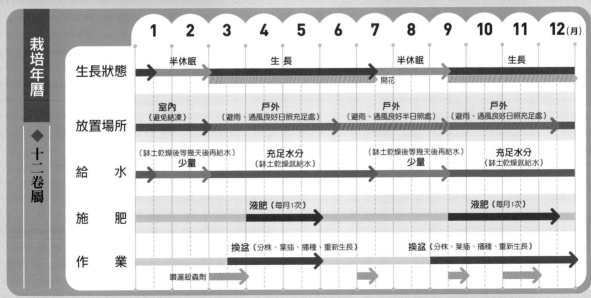

栽培年曆 ◆ 十二卷屬		1	2	3	4	5	6	7	8	9	10	11	12 (月)
	生長狀態		半休眠			生長				半休眠		生長	
								開花					
	放置場所		室內（避免結凍）		戶外（避雨、通風良好日照充足處）			戶外（避雨、通風良好半日照處）			戶外（避雨、通風良好日照充足處）		
	給水		（缽土乾燥後等幾天後再給水）少量		充足水分（缽土乾燥就給水）			（缽土乾燥後等幾天後再給水）少量			充足水分（缽土乾燥就給水）		
	施肥				液肥（每月1次）						液肥（每月1次）		
	作業				換盆（分株、葉插、播種、重新生長）						換盆（分株、葉插、播種、重新生長）		
			噴灑殺蟲劑										

Agave

龍舌蘭屬

〔天門冬科〕

分布於美國南部至南美北部之間。葉尖有刺，以及各式各樣的錦斑品種。幾乎所有品種都屬於強健植株，容易栽培。不喜悶熱，在夏季要放在通風良好處；冬季則是要放在不會結霜的屋簷下或簡易木箱裡管理。

有耐寒性的品種則可放在戶外渡冬。小型種較受歡迎，原生種也易取得。原生種可利用分株和播種繁殖，交配種也能用分株繁殖。

生育型	根的種類	難易度	原產地
夏型	粗根	＊＊＊＊	美國中南部

翡翠盤
A.attenuata

莖會跟著生長期長高至約1m高。葉片呈淡綠色～灰綠色間，葉緣沒有長刺。會長出3～4m前端下垂的穗狀花序。

王妃甲蟹錦
A.isthmensis f. variegata

這是葉緣有刺呈帶狀生長的「王妃甲蟹」的黃覆輪品種。冬季要維持5℃以上管理。

王妃A型笹之雪白覆輪
A.filifera compacta v. 'Pinky'

「王妃笹之雪」的白覆輪品種，深綠色的葉片上有白色覆輪的人氣小型種。一整年都要避開強光，冬季要維持在5℃以上管理。

白絲王妃亂雪錦
A.filifera variegata

矮性品種。表面平坦，有帶狀白斑的葉片，葉緣帶有淡黃色，還長有細絲點綴。

白絲王妃亂雪
A.filifera

中型種。細長劍狀的葉片呈現有光澤的橄欖色，上頭有2～3條白線。葉緣上長有白色線狀纖維。

甲蟹
A.potatorum

青綠色的葉片上帶有薄薄的白粉，葉尖和葉緣長滿了黑褐色的尖刺。黃綠色的花呈圓錐形的花序生長。

五色萬代
A.lophantha f.variegata

高30cm。帶著光澤的綠葉上有白黃色的直條紋錦斑，美麗的小型種。耐寒溫度在0℃左右。

大理石龍錦
A.marmorata f. variegata
厚實又粗糙的葉片上有奶油色的錦斑，
生長速度很快。

超級皇冠
A.potatorum v.v 'SUPER Croun'
有黃色覆輪的美麗園藝品種。

France Ivory
A.'France Ivory'
深綠色的葉片有黃覆輪，葉片
呈整齊的放射狀生長。

Meriko 錦　A.'Meriko-Nisiki'
別名「奶油穗」，有奶油色的覆輪。葉片朝上生長。

王妃雷神錦
A. potatorum

又短又寬的葉片上有白色中斑。生
長緩慢，不會太大的尺寸不挑場所
栽種，所以很受歡迎。

華嚴
A.americana
var. medio-alba
又稱「龍舌蘭白中斑」。又硬又
長的葉片有道白色的中斑，蓮座
超過直徑1m。耐寒耐熱性強，也
可種在庭院裡。

吉祥天錦
A.parryi 'Kisshouten-Nishiki'
A.parryi mediopicta

「吉祥天」的錦斑種。

吹上 A.stricts
多片細長的葉片呈放射狀直立生長，不會垂下。葉色為偏白的灰綠色，前端的尖刺會從紅褐色轉為灰色。

蠍座覆輪
A.gypsophila

原產於美國中部熱帶地區，特別不耐寒，所以冬季要放在暖房內管理較為理想。葉片容易折斷，要小心對待。

貝殼龍 A.potatorum cv.'Cubic'
長條狀倒卵形的葉片呈放射狀生長的大型種甲蟹石化。兩片葉片重疊生長，葉尖與葉緣長有黑褐色的刺。

屈原之舞扇錦
A.palmeri 'Kutsugen-no-maiougi'
銀灰色的葉片上有淡黃色的外斑，葉緣上長有紅色尖刺，讓人印象深刻的品種。別名「Palmeri錦」。

雷神 *A.verschaffeltii*
A.potatorum var.verschaffeltii

產自墨西哥。小型種，葉片呈蓮座狀
生長，淡黃綠色的葉片上覆蓋著白
粉，葉緣呈波浪狀，前端微尖。

potrerana *A.potrerana*

高約90cm，帶點白色的深綠色細長葉
片是其特徵。葉緣長有尖刺。非常耐
寒，需要強光照射生長。

吉祥冠 *A. potatorum f.*

蓮座徑為30cm。淡黃綠色的葉片有白
粉覆蓋，葉片寬大。亮紅褐色的尖刺
與葉色呈美麗的調和。

雷神覆輪
A.potatorum white variegated

別名「鳳凰」。葉
片上有淡黃色的覆
輪，葉緣長有尖
刺。葉緣在天冷時
會染上一圈美麗的
粉紅色。

風雷神錦
A.potatorum variegate

植株小型易栽種。

吉祥冠錦
A.potatorum'Kisshoukan-Nishiki'

整齊排列的蓮座狀葉片，青綠
色又寬大的葉片上有奶油色外
斑的品種，葉尖長有紅褐色的
硬刺。

黃斑龍舌蘭
A.desmettiana

有錦斑的龍舌蘭，也稱「覆輪龍舌蘭」。結實的植株非常美麗。從植株長出許多子株，是很容易分株繁殖的品種。

老翁龍舌蘭
A.schidigera

亮綠色的細長葉片前端呈尖銳的桶狀。葉緣長出如白色卷鬚般的線，呈有規則的捲曲狀。

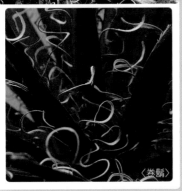

〈卷鬚〉

嚴龍 No.1
A.sp.'No.1' f. variegata

葉緣長有褐色的尖刺，是很豪壯的植株種類。別名「仁王冠」或「巖流」，是它們的錦斑種，在綠色葉緣上有出錦。

笹之雪
A.victoriae-reginae

披針形的葉片雙面皆有鮮豔的白線花紋，前端長有黑色的短刺。自古以來就是栽培成健壯又美麗的植株。

冰山
A.victoriae-reginae'Hyouzan'

「笹之雪」的白覆輪品種，葉緣的白線十分顯眼，宛如冰山般優美的姿態，是稀有的品種。冬季要少量給水。

笹之雪黃覆輪
A.victoriae-reginae f. variegate

「笹之雪」的黃覆輪選拔種，別名「笹之雪錦」。耐熱耐寒，但要注意梅雨季勿過濕。

笹之雪中斑
A.victoriae-reginae f. variegate

披針形的葉片上不只是葉緣，是葉片整體都有像是用油漆畫出的白線花紋。

曲刺妖炎
A.utahensis var. eborispina

小型種，細長的披針形葉片呈放射狀生長，葉尖和葉緣長有白色的刺。不喜歡夏季多溫潮濕的氣候，儘量少給予水分。

葉片多肉植物 ● 龍舌蘭屬

栽培年曆

◆ 龍舌蘭屬

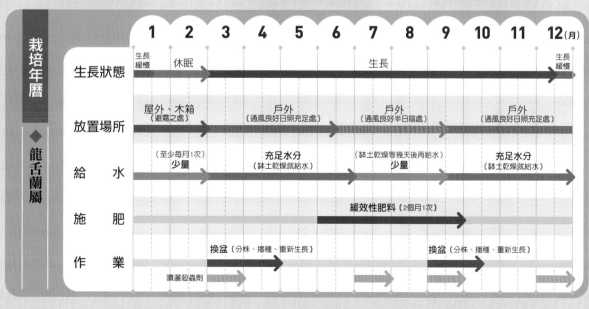

		1	2	3	4	5	6	7	8	9	10	11	12 (月)
生長狀態		生長緩慢 休眠					生長						生長緩慢
放置場所		屋外、木箱（避霜之處）		戶外（通風良好日照充足處）			戶外（通風良好半日陰處）			戶外（通風良好日照充足處）			
給　　水		（至少每月1次）少量		充足水分（缽土乾燥就給水）			（缽土乾燥等幾天後再給水）少量			充足水分（缽土乾燥就給水）			
施　　肥							緩效性肥料（2個月1次）						
作　　業			換盆（分株、播種、重新生長）							換盆（分株、播種、重新生長）			
		噴灑殺蟲劑											

117

虎尾蘭屬

Sansevieria

〔天門冬科〕

約有60～70已知種分布於美國與南亞等乾燥地區。是廣為人知的觀葉植物，也有葉色及形狀很美麗的小型種當作多肉植物栽培。

非常耐潮濕與乾燥，春季至秋季期間可放在屋外養育，但很怕盛夏的強光。可用紗網遮光，或是放在半日陰處管理。由於植株不耐寒，晚秋起要移至室內管理，若低於10℃以下則要斷水渡冬。

生育型	根的種類	難易度	原產地
夏型	粗根	＊＊＊＊	非洲、馬達加斯加、南亞

aethiopica
S.aethiopica

原產地在南非，也有小型種。藍綠色的線狀披針形的葉片帶有暗綠色的橫條斑紋，葉緣有紅色或白色作點綴。

銀虎
S.kiukii'Silber Blue'

寬闊的銀葉呈蓮座狀展開，波浪狀的葉片十分美麗。要避開盛夏的陽光直射以免造成葉燒。

銀葉虎尾蘭
S.trifasciata cv.'Silver Hahnii'

虎尾蘭的園藝品種也是矮性種。葉片上沒有橫條紋的花紋，整體呈現金屬光澤的漂亮銀綠色。

錫蘭虎尾蘭
S.'Zeylanica'

前端呈尖銳的線狀披針形葉片，上面有如斑馬的橫條花紋是其特徵。比相似的金邊虎尾蘭還要健壯。

佛手虎尾蘭　　*S.boncellensis*

又圓又粗的棒狀葉片呈扇狀生長，葉片上的條紋非常漂亮。

棒葉虎尾蘭
S.cylindrica

別名「羊角蘭」。堅硬的多肉質圓筒狀葉片是其特徵，會從莖幹上長出3～4枚葉片。深綠色的葉色，有銀溝和模糊的淡綠色花紋。

金邊短葉虎尾蘭
S.trifasciata cv.'Golden Hahnii'

虎尾蘭的園藝品種「短葉虎尾蘭」的錦斑種，特點是有非常大片的黃白色覆輪斑。

金邊矮性虎尾蘭
S.trifasciata cv.'Laurentii'
「金邊虎尾蘭」的矮性種。
葉長約35cm，底色是深綠色
的葉片上有黃色覆輪，色彩
上的平衡色調十分美麗。

金邊虎尾蘭
S.trifasciata cv.'Laurentii'
別名「覆輪千歲蘭」和「虎
尾蘭」。是虎尾蘭屬常見的
代表品種。微厚的葉片兩端
有很寬的黃覆輪。黃白色的
花呈穗狀花序生長。

pearsonii
S.pearsonii
圓筒狀的葉片高約
60～90cm。深藍
綠色的葉片上帶有
些微的斑點，3～
4枚葉片從根莖長
出叢生。

〈花〉

栽培年曆
◆虎尾蘭屬

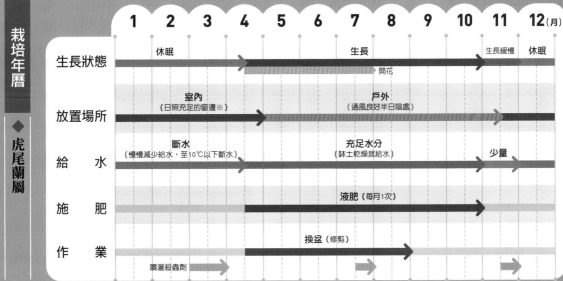

	1	2	3	4	5	6	7	8	9	10	11	12 (月)
生長狀態	休眠				生長						生長緩慢	休眠
					開花							
放置場所	室內（日照充足的窗邊※）				戶外（通風良好半日陰處）							
給水	斷水（慢慢減少給水，至10℃以下斷水）				充足水分（缽土乾燥就給水）						少量	
施肥				液肥（每月1次）								
作業			換盆（修剪）									
	噴灑殺蟲劑											

※日照充足的窗邊要維持5～10℃的溫度

錦竹草屬

Callisia

〔鴨跖草科〕

約有12個已知品種分布於墨西哥至南美的熱帶地區，匍匐莖有些往上攀升有些下垂，可用吊籃種植欣賞。是耐乾燥又健壯的種類，厚實的葉片有許多顏色、形狀和模樣。

需要放在日照充足或半日陰處管理，盛夏須避開強光照射，冬季則要放在維持5℃以上的室內。給水過多會悶熱造成腐根，缽土乾燥再給水即可。生長速度快，每年可利用枝插或分株來更新植株。

生育型	根的種類	難易度	原產地
夏型	細根	＊＊＊＊	美國熱帶地區

彩虹怡心草

C.repens cv. variegata

分布於墨西哥、美國中南部，是舖地錦竹草的錦斑種。前端尖銳呈現光澤的卵圓形葉片，上頭有乳白色以及粉紅色的斑紋。

斑馬錦竹草

C.elegans

產於墨西哥南部。卵圓形廣披針形的葉片多汁，表面有白色或黃白色的條紋。背面則是紅紫色。

重扇 *C.navicularis*

產自墨西哥。葉片呈扇狀重疊生長，高3～8cm，寬5～15cm。長長的花莖前端會開出有3枚花瓣和3～6根雄蕊的粉紅色花朵。

〈花〉

栽培年曆 ◆ 錦竹草屬

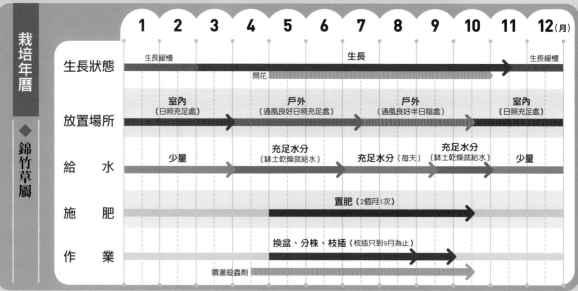

	1	2	3	4	5	6	7	8	9	10	11	12(月)
生長狀態	生長緩慢						生長					生長緩慢
				開花								
放置場所	室內（日照充足處）			戶外（通風良好日照充足處）			戶外（通風良好半日陰處）				室內（日照充足處）	
給　　水	少量			充足水分（缽土乾燥就給水）			充足水分（每天）		充足水分（缽土乾燥就給水）		少量	
施　　肥						置肥（2個月1次）						
作　　業				換盆、分株、枝插（枝插只到9月為止）								
		噴灑殺蟲劑										

120

Tradescantia

紫露草屬

〔鴨跖草科〕

約有數十種分布在北美及美國熱帶地區，呈直立或匍匐狀生長的多年草。以觀葉植物被廣為認知，但墨西哥原產的雪絹則是被當作多肉植物種植，植株整體被白色軟毛覆蓋，也被稱為「白雪姬」。

耐寒耐熱易栽培。需放置在日照充足或半日陰處管理，春天至秋天期間只要缽土乾燥就給水。低溫期會落葉，只有地下部可以渡冬，須放在日照充足的室內，保持乾燥的地方以便管理。

（雪絹）
莖的前端開出深紫色的花。

生育型	根的種類	難易度	原產地
夏型	細根	✱✱✱✱	北美、美國熱帶地區

雪絹

T. sillamontana

產自墨西哥。植株整體被白色細毛覆蓋，若養在高溫多濕的地方，細毛會潮濕，反而顯現不出原本的美麗姿態。

雪絹錦

T. sillamontana variegata

雪絹的錦斑種，別名「白絹姬錦」。被白色長毛覆蓋的葉片上有黃色錦斑。
冬天會落葉只有地下部能渡冬。

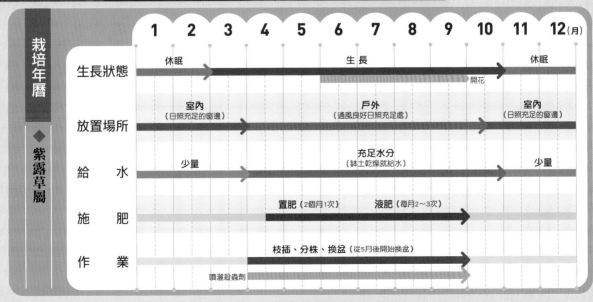

栽培年曆

◆ 紫露草屬

	1	2	3	4	5	6	7	8	9	10	11	12(月)
生長狀態	休眠					生 長					休眠	
							開花					
放置場所	室內 （日照充足的窗邊）				戶外 （通風良好日照充足處）					室內 （日照充足的窗邊）		
給　　水	少量				充足水分 （缽土乾燥就給水）						少量	
施　　肥				置肥（2個月1次）		液肥（每月2～3次）						
作　　業				枝插、分株、換盆（從5月後開始換盆）								
	噴灑殺蟲劑											

121

中國金錢草
P.peperomioides

產自中國雲南。地下莖群生生長，長莖前端為綠色帶有光澤的圓狀卵形葉片。還會開出綠色小花。

冷水花屬
Pilea

〔蕁麻科〕

全世界的熱帶至亞熱帶地區約有650個已知種，在日本則有自己生長繁殖的冷水花及山冷水花。葉片美麗的種類被當作觀葉植物栽培非常有人氣，而約有8種被當作多肉植物栽種。需要水分，卻又不喜常保濕潤的狀態。

耐暑性非常強，春～秋季放置於通風良好的戶外，缽土表面乾燥就要給予充足水分。冬季則放在日照充足的室內，可利用透進玻璃窗的日光照射管理。

生育型	根的種類	難易度	原產地
夏、春秋型	細根	＊＊＊＊	全世界的熱帶至亞熱帶地區

小葉冷水花
P.microphylla

產自墨西哥、美國、秘魯和巴西。很常分枝，株高約30cm。小小的葉片不怎麼厚實。

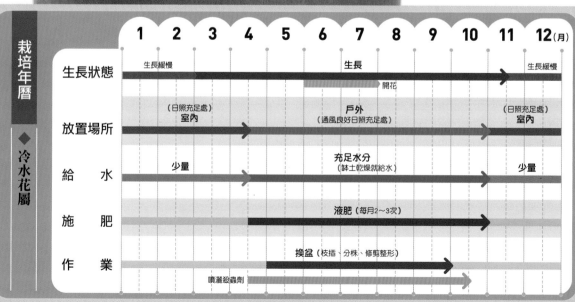

栽培年曆 ◆ 冷水花屬		1	2	3	4	5	6	7	8	9	10	11	12 (月)
	生長狀態	生長緩慢					生長						生長緩慢
							開花						
	放置場所	（日照充足處）室內			戶外（通風良好日照充足處）							（日照充足處）室內	
	給　水	少量			充足水分（缽土乾燥就給水）							少量	
	施　肥				液肥（每月2～3次）								
	作　業				換盆（枝插、分株、修剪整形）								
		噴灑殺蟲劑											

122

斧葉椒草
P.dolabriformis

原產地在秘魯。直立莖的湯勺形葉片聚集生長。葉片相當密集，因此能看得見比葉面還要淡的黃綠色葉背。

Peperomia

椒草屬

〔胡椒科〕

約1000種廣大分布於熱帶到溫帶地區。在美國也有少數可以自己生長繁殖，但大多是自生在南美的廣大屬別。主要被當作觀葉植物，但厚實的圓葉種類會被當作多肉植物來栽培。

春天及秋天須放在屋外日照充足處，但它不耐悶熱的夏天且容易造成腐根，夏季則要放在通風良好日陰處少量給水管理。冬季要放在日照充足的室內，最低溫度維持在5℃以上，並保持土壤乾燥。

生育型	根的種類	難易度	原產地
夏型	細根	＊＊＊＊	熱帶～溫帶

〈花〉

紅椒草
P.graveolens

有光澤的葉片，中央往內凹摺呈現椒草屬特有的葉片形狀。葉面是綠色，而葉背則是染成紅色，淡綠色的小花會呈細穗狀密集生長。

幸福豆椒草
P.'Happybean'

從中央折半長出形狀的葉片，乍看之下很像豆莢。喜歡柔和的光線，不耐寒也不耐熱，因此適合栽種在室內。

仙人掌村椒草 *P.'Cacutusville'*

別名「仙城莉椒草」。有著厚實的葉片，直立往上生長。雖然很像雪椒草屬，但生長速度比較快也容易栽種。

4

多肉植物圖鑑

葉片多肉植物 ● 冷水花屬 ● 椒草屬

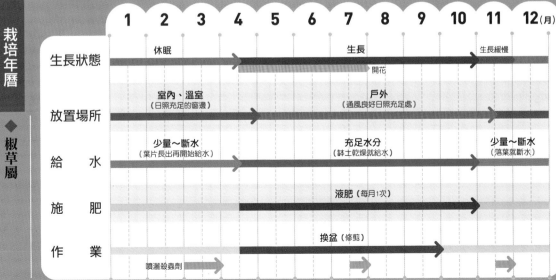

栽培年曆 ◆ 椒草屬		1	2	3	4	5	6	7	8	9	10	11	12 (月)
生長狀態		休眠					生長					生長緩慢	
						開花							
放置場所		室內、溫室（日照充足的窗邊）					戶外（通風良好日照充足處）						
給　水		少量～斷水（葉片長出再開始給水）					充足水分（缺土乾燥就給水）					少量～斷水（落葉就斷水）	
施　肥							液肥（每月1次）						
作　業							換盆（修剪）						
		噴灑殺蟲劑											

吹雪之松屬

Anacampseros

〔龍樹科〕

約50個小型多肉植物已知種主要分布於南非。生長緩慢的小型種繁多，根部肥厚，互生的多肉質葉片上長有蜘蛛網狀的毛。1個花莖上會開1～4朵花，1～2小時後會凋謝。

相較之下較耐暑耐寒，但不喜夏季多濕的氣候，所以夏天要放在通風良好的地方管理。除了盛夏與寒冬之外的時間，缽土乾燥就要給予充足的水分。

吹雪之松　A.rufescens v.

直立生長的莖長5～8cm。長長後會分岐，匍匐在地面呈地毯式生長。葉腋長有白毛，會開出直徑3cm的淡紅色花。

生育型	根的種類	難易度	原產地
春秋型	細根	＊＊＊＊	南非

櫻吹雪

A.rufescens f.variegata

「吹雪之松」的錦斑種，天氣一冷，出錦的部分就會染上鮮豔的粉紅色。而葉片上長出細毛是其特徵。

（櫻吹雪）植株橫向生長，葉片經過一年後依舊美麗。

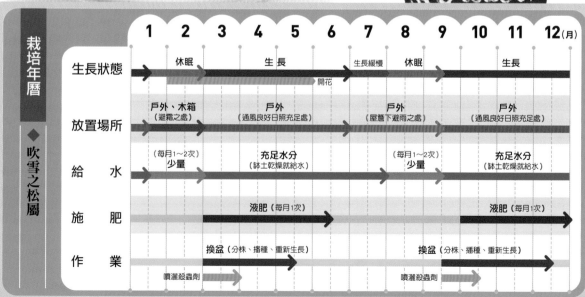

栽培年曆　◆吹雪之松屬

		1	2	3	4	5	6	7	8	9	10	11	12(月)
生長狀態			休眠		生 長			生長緩慢	休眠		生 長		
					開花								
放置場所		戶外、木箱（避霜之處）		戶外（通風良好日照充足處）				戶外（屋簷下避雨之處）			戶外（通風良好日照充足處）		
給　水		（每月1～2次）少量		充足水分（缽土乾燥就給水）				（每月1～2次）少量			充足水分（缽土乾燥就給水）		
施　肥					液肥（每月1次）						液肥（每月1次）		
作　業				換盆（分株、播種、重新生長）					換盆（分株、播種、重新生長）				
			噴灑殺蟲劑						噴灑殺蟲劑				

124

樹馬齒莧屬
Portulacaria

〔龍樹科〕

可愛的鮮豔圓葉，小型灌木的多肉植物，一個屬別只有一種植物。因為和常擺在夏天花壇色彩鮮豔的大花馬齒莧很相近而得來此屬名。多肉質的莖，呈圓形或倒卵形的葉片為對生。枝節經修剪後可做成盆栽的感覺。耐熱不耐寒，葉片結霜後會像融化般枯萎。

春天至秋天要放在日照充足通風良好的戶外，缽土表面乾燥後要給予充足水分，冬季則放在室內保持乾燥管理，一般來說利用枝插可繁殖。

生育型	根的種類	難易度	原產地
夏型	細根	＊＊＊＊	南非

銀杏木 P.afra

又名「銀公孫樹」。枝葉常以水平方向分枝，平滑的倒卵形綠色葉片為對生狀。莖則被灰褐色的表皮覆蓋。

毛球馬齒莧
P.werdermannii

產自於巴西。很常分枝，會長出密密麻麻的白色綿絮，呈現獨特毛茸茸的樣子。莖的頂端一般會長出一朵深紅色的一日花。

雅樂之舞 P.afra f. variegata

「銀杏木」的錦斑種，黃白色的覆輪葉在天冷時葉緣會轉為紅色。生長雖慢，但養到大株時就會非常地茂盛。

4 多肉植物圖鑑

葉片多肉植物 ● 吹雪之松屬 ● 樹馬齒莧屬

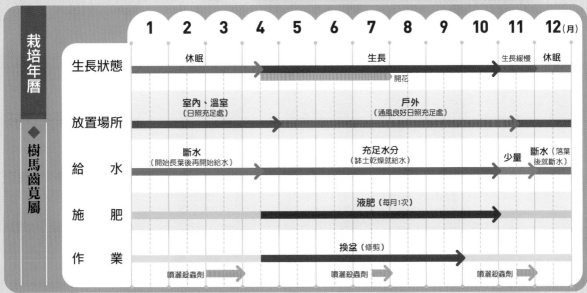

栽培年曆 ◆ 樹馬齒莧屬		1	2	3	4	5	6	7	8	9	10	11	12 (月)
	生長狀態		休眠					生長				生長緩慢	休眠
							開花						
	放置場所		室內、溫室 (日照充足處)					戶外 (通風良好日照充足處)					
	給　水		斷水 (開始長葉後再開始給水)					充足水分 (缽土乾燥就給水)				少量	斷水 (落葉後就斷水)
	施　肥							液肥 (每月1次)					
	作　業						換盆 (修剪)						
			噴灑殺蟲劑					噴灑殺蟲劑			噴灑殺蟲劑		

※注意溫度不要低於5～10℃。

125

厚敦菊屬

〔菊科〕

約有150種小型多肉質草本植物和灌木分布於熱帶地區及南非。也有莖幹呈塊莖狀的塊莖植物。

長長的花莖前端在秋天至冬天會開出黃色的頭花。葉片呈扁平的圓筒狀，葉面覆蓋著蠟質的白粉。有像黃花新月一樣不會落葉的品種，也有很多是到了夏季落葉進入休眠的品種，此時就要斷水並放在涼爽的日陰處，等到新長出葉片後再開始給水。

生育型	根的種類	難易度	原產地
冬型	細根	✱✱✱✱	熱帶地區、南非、納米比亞

黃花新月
O.capensis

產自南非。秋季時綠葉會轉成紅紫色，因此別名為「紅寶石項鍊」和「紫月」。偶而會開出黃色小花。圓圓的葉子沿著紅紫色的莖上長出，葉片卻會漸漸長成細長形，秋天會轉為紅葉，變成美麗的紫色。

〈紅葉〉

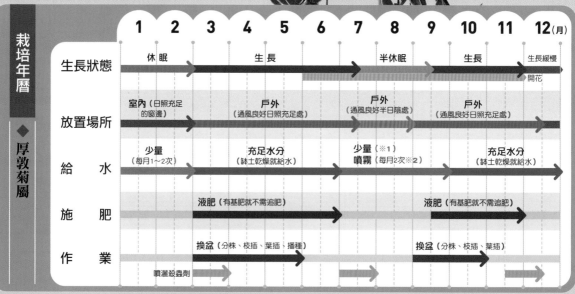

栽培年曆

厚敦菊屬

		1	2	3	4	5	6	7	8	9	10	11	12 (月)
生長狀態		休眠		生長				半休眠			生長		生長緩慢 / 開花
放置場所		室內（日照充足的窗邊）		戶外（通風良好日照充足處）				戶外（通風良好半日陰處）			戶外（通風良好日照充足處）		
給水		少量（每月1～2次）		充足水分（缽土乾燥就給水）				少量（※1）噴霧（每月2次※2）			充足水分（缽土乾燥就給水）		
施肥				液肥（有基肥就不需追肥）							液肥（有基肥就不需追肥）		
作業				換盆（分株、枝插、葉插、播種）							換盆（分株、枝插、葉插）		
		噴灑殺蟲劑											

※1 缽土乾燥等2～3天再給水　　※2 休眠中的植株

千里光屬

〔菊科〕

被當作多肉植物栽培的千里光屬，以多年草草本及小灌木自己生長繁殖於西南美、印度和墨西哥等地，多肉質的葉片與莖幹，還有塊根的品種。葉片有球狀、新月形和箭頭形等各種獨特的形狀是其魅力之一。

會從莖頂部開出一朵頭花，並呈繖房狀聚集。生長期須日照充足，以防徒長和避免根部乾燥。不過千里光屬很怕悶熱，夏季會進入半休眠，此時需要放在通風良好及維持乾燥的地方並給足水分。

生育型	根的種類	難易度	原產地
春秋型	細根	＊＊＊＊	西南美、印度、墨西哥

美空鉾 S.antandroi

被白粉覆蓋的鈷藍色細長葉片呈密生狀，高10～15cm。冬天是生長旺盛期容易種植，夏天生長緩慢。

〈葉〉

三爪上弦月 S.'Hippogriff'

別名「peregrinum」或「海豚」，長長的莖幹上長出的葉片就像海豚跳躍般，可愛的姿態是很有人氣的品種。

七寶樹 S.articulatus

多肉質的棒狀小低木。分成一節一節圓圓胖胖的青綠色莖幹，上面有帶著白粉的紫紅色斑紋，莖幹前端長出葉片，冬天會落葉。

七寶樹錦 S.articulatus'Candlelight'

團子狀重疊生長的莖十分獨特。莖的前端長出的葉片上有黃白色的斑紋，入秋會染上粉紅色。喜歡柔和的光線，生長速度快。

紫蠻刀 S.crassissimus

別名「紫匠」、「魚尾冠」。扁平的紡錘形葉片被白粉覆蓋，葉緣染上紫紅色，在強光照射下會更加顯色。冬天會開黃色的花，久了會有叢生狀態。

銀月 S.haworthii

整體被銀白色的毛覆蓋，微多肉質的莖直立生長。生長稍微偏緩慢，生長時會分枝。冬季是生長季，至早春時會開黃色的花。

大銀月 S. haworthii

比銀月更大型，莖葉也比較長，被天鵝絨狀的白毛覆蓋的姿態十分美麗。容易腐根，夏季是休眠期，要少量給水並放置在涼爽的場所。

蔓花月
S.jacobsensii

產自肯亞、坦尚尼亞。生長快速又健壯的匍匐性植株，適合用吊籃種植。偏圓的倒卵形葉片呈現有光澤的綠色。

弦月
S. radicans

線狀的莖一觸地就會從莖節長出根並擴散生長。有著短柄的紡綞形葉片，長柄的前端會開出1～4朵白色頭花。

新月
S.scaposus

短莖前端被白細毛覆蓋的細長葉片呈蓮座狀生長。葉片老化後白毛會脫落變成綠色。

天龍
S.kleinia neriifolia

別名「monkey tree」。灰綠色的莖幹呈灌木狀生長。線狀披針形的葉片中間有一條線，老葉會依序凋零。

〈葉〉

〈花〉

綠之鈴
S.rowleyanus

細長的莖往下延伸，莖節從根部長出擴散。綠色圓球（葉）像串珠一樣生長，又有「綠珍珠項鍊」之名。秋冬季會長出刷毛狀的花。

金玉菊
S.macroglossus variegata

神似常春藤，別名「蠟葉常春藤」。莖呈捲曲狀生長，鮮豔的三角形葉片上有黃白色的覆輪。夏季須放在遮光且涼爽的環境管理。冬季會開奶油色的花，花徑約5～6cm。

〈花〉

馬賽的矢尻
S.kleiniiformis

被白粉覆蓋的青白綠色箭頭狀葉片，是植株高30cm的中型種。需要充足的陽光照射，但盛夏時需避免陽光直射並放在半日陰處。夏天會開出筒狀的黃色花朵。

〈花〉

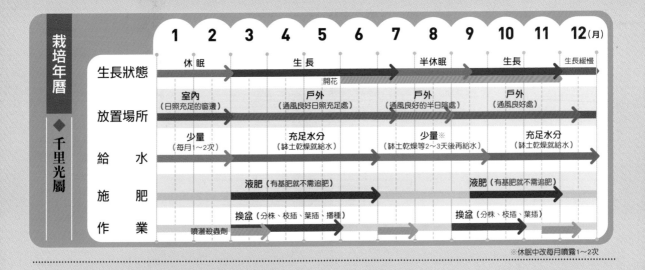

	1	2	3	4	5	6	7	8	9	10	11	12 (月)
生長狀態	休眠			生長				半休眠		生長		生長緩慢
					開花							
放置場所	室內（日照充足的窗邊）			戶外（通風良好日照充足處）				戶外（通風良好的半日陰處）		戶外（通風良好處）		
給　水	少量（每月1～2次）			充足水分（缽土乾燥就給水）				少量※（缽土乾燥等2～3天後再給水）		充足水分（缽土乾燥就給水）		
施　肥				液肥（有基肥就不需追肥）						液肥（有基肥就不需追肥）		
作　業	噴灑殺蟲劑		換盆（分株、枝插、葉插、播種）							換盆（分株、枝插、葉插）		

※休眠中改每月噴霧1～2次

Plectranthus

馬刺花屬

〔唇形科〕

約有100種分布於熱帶、亞熱帶亞洲、南非、東非和澳洲等地，除了被當作觀葉植物、盆花及香草外，也有被當作多肉植物來栽種的品種。四角形的莖上長出多肉質的對生葉片。不顯眼的花朵呈穗狀生長，不觀賞時可以摘下來。

除了盛夏，其餘時間都要放在日照充足處，春天至秋天須充分給水。9月底拿進室內，冬天則放在日照充足的室內保持乾燥管理。

生育型	根的種類	難易度	原產地
夏型	細根	＊＊＊＊	熱帶＋亞熱帶亞洲、非洲、澳洲

Pastel mint
P.amboinicus'Pastel mint'
帶點黃色的綠色葉片，比圓葉洋紫蘇還要小，圓滾滾的形狀帶點薄荷的香氣。

圓葉洋紫蘇　*P.amboinicus*
又稱「圓葉左手香」。整體會散發出強烈的香氣，多肉中的香草植物。冬季要放在室內日照充足處，維持10℃以上的溫度。用枝插法或分株來繁殖。

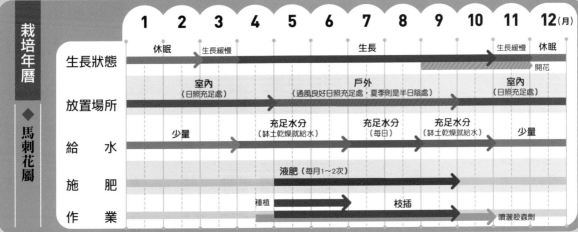

	1	2	3	4	5	6	7	8	9	10	11	12 (月)
生長狀態	休眠	生長緩慢			生長						生長緩慢	休眠
												開花
放置場所	室內（日照充足處）			戶外（通風良好日照充足處，夏季則是半日陰處）							室內（日照充足處）	
給　水	少量			充足水分（缽土乾燥就給水）		充足水分（每日）		充足水分（缽土乾燥就給水）			少量	
施　肥				液肥（每月1～2次）								
作　業			種植			枝插				噴灑殺蟲劑		

鐵甲丸的莖幹

大戟屬
Euphorbia

〔大戟科〕

約有500種被當作多肉植物種植的大戟屬，自己生長繁殖在非洲等地，總共有長刺的柱狀大戟、球狀大戟、低木狀大戟、塊莖植物大戟和呈章魚腳狀生枝的大戟等5個種類。喜好高溫強光，植株受損會流出有毒汁液。另外，翡翠塔屬現在也隸屬於大戟屬內。

春天至秋天為生長期，可放置在日照充足的戶外，等土壤乾燥後就給予充足水分。不太耐寒，所以冬天需放在室內維持5℃以上。

生育型	根的種類	難易度	原產地
夏型	細根	＊＊＊	非洲、馬達加斯加

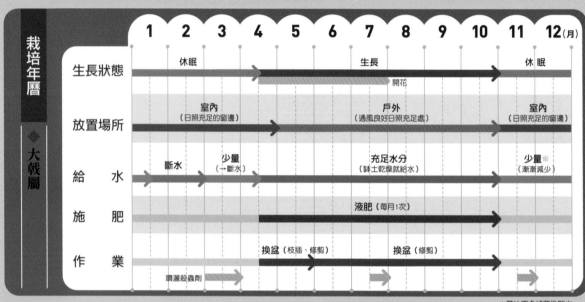

栽培年曆

◆ 大戟屬

	1	2	3	4	5	6	7	8	9	10	11	12(月)
生長狀態		休眠					生長				休眠	

生長狀態：開花

放置場所：室內（日照充足的窗邊）／戶外（通風良好日照充足處）／室內（日照充足的窗邊）

給水：斷水／少量（→斷水）／充足水分（鉢土乾燥就給水）／少量※（漸漸減少）

施肥：液肥（每月1次）

作業：換盆（枝插、修剪）／換盆（修剪）／噴灑殺蟲劑

※葉片完全掉落後斷水

鐵甲丸
E.bupleurifolia
別名「蘇鐵大戟」。葉片掉落後會形成凹凸不平的莖幹是其特徵，會從原本的球形變成圓筒形。不喜夏季高溫和鉢土過濕。

怪魔玉
E.hyb.
「麟寶」和「鐵甲丸」的交配種。表面有顆粒的莖幹前端長著細長的葉片，葉片掉落時植株會跟著往上生長。

珊瑚大戟
E.cedrorum
和「綠玉樹」很像，但是分枝的粗枝無法往上生長，無法成為分岐式分枝。

黃刺火麒麟
E.enopla cv.
別名「黃彩閣」、「黃刺紅彩閣」。「紅彩閣」的刺是黃色的。有些微不同。

griseola
E.griseola
別名「龍尾閣」。容易分枝，會長出成對的刺，乍看之下很像仙人掌。需要放在日照充足通風良好的地方管理，但盛夏需避開直射陽光。

銅綠麒麟　E.aeruginosa

青綠色的分枝，高度約15～30cm。稜上長著1cm長的暗紅色尖刺。晚秋～冬季間會開黃色小花。

魁魔玉　E.'Kaimagyoku'

莖生長的同時稜跟著扭轉，使葉片落下，15cm高的植株。春天會開出不顯眼的綠色小花。利用胴切芽插繁殖。

大明神　E.lactea

用金剛纂的底木嫁接帝錦石化。像扇子般的形狀而有「大明神」的名稱。圖為有白斑的品種。

帝錦（石化）　E.lactea variegated crested

帝錦的錦斑種，轉紅的綴化部稜線是很美的品種。高溫期是生長期，天冷就進入休眠。

綠珊瑚　E.leucodendron

別名「白銀珊瑚」和「翡翠木」。淡綠色的細圓柱狀莖幹會邊分枝邊生長。枝節上無刺，莖幹進入休眠期時會覆上一層白粉。

密刺麒麟　E.baioensis

長出規則的刺，乍看之下很像小型的柱狀仙人掌。刺與刺之間會開出黃色小花。

魁偉玉　E.horrida v.

被白粉覆蓋的白色與青白色圓柱形莖幹，高約40～50cm。直線的稜之後會接續呈現波浪狀。

白化帝錦　E.lactea'White Ghost'

是帝錦的白化品種，很像被塗上一層白漆外觀扭曲的植株，株高約1m的多肉。冬季置於室內。

晃玉 *E.obesa*

綠色的球體上有淡綠色的條紋，植株直徑15cm。完全無刺。冬天減少給水並在日照充足處管理。（圖為雌株）

子吹新月 *E.obesa spp. symmetrica*

子吹是指他的型態「群生」。晃玉的變種，跟圓筒狀的晃玉比起來，子吹新月則是偏圓形，呈現直徑比高度還大的扁球形。

貴青玉 *E.meloformis*

別名「玉司」。如同種小名「哈密瓜的形狀」呈現球狀，花枯萎後花莖會像一根刺一樣殘留在植株上。

養育訣竅
大戟屬的繁殖法

　　大戟屬是雌雄異株的植物，會分成雄株與雌株，所以植株不會結果。要利用實生繁殖的話，很多人都說「晃玉比較容易結果」，但是雄雌株沒有配對就不會有種子。

　　要繁殖時需要利用雌雄2株受粉再採種。春夏皆為花期，會從一個部位開出十幾朵花，在開花時要特別小心，若從上面澆水容易淋到花粉。

（雄株）

綠玉樹 *E.tirucalli*

又稱「青珊瑚」。棒狀綠色枝幹若有切口會流出乳白色汁液。枝節會四處分枝生長，長出的小葉片很快就會脫落。

光棍樹 *E.oncoclada*

細長生長的莖幹是特徵，莖的前端會長出超小的葉片。冬季休眠時需放在室內少量給水管理。

金剛纂錦 *E.neriifolia f. variegata*

「金剛纂」的錦斑種，葉片與枝幹上有不規則的黃白色斑紋。生長速度比基本種還要慢，植株有點脆弱。

姬麒麟 *E.submamillaris*

產自南非。基部產生不規則的分枝，整體長得很像小抱枕。枝節上半部有9～10個稜，並長有茶褐色約2cm的細小花刺。

彩雲閣 *E.trigona*

如同種小名「三角形」，長出三稜柱狀的莖是其特徵。深綠色的莖表皮長有白斑。長著3～4cm長的葉片。

翡翠塔錦

E. (Monadenium)lugardiae variegated

顆粒狀的莖上長有白斑的品種，葉片上也有斑紋。從地下莖長出側枝呈群生。冬天會落葉進入休眠。

帝錦
E.lactea

主幹為深綠色的枝節呈3～4稜形，稜緣呈波浪狀，頂端長有一對褐色的刺。別名「Lactea」。

麒麟花

E.milii var. splendens

來自於馬達加斯加島高原的岩石。長滿銳利尖刺的莖上開著數朵可愛的花。看起來像花的其實是花苞。

（麒麟花）也有開出奶油黃花的種類。

polyacantha
E.polycantha

別名「鯨鬚麒麟」。莖枝呈4～5稜，外皮是帶有綠色的灰色。稜上長有一對一開始是紅褐色的刺，之後會變成白褐色。

白樺麒麟
E.mammillaris variegated

葉子細小，是長有白色斑紋的美麗品種。幾乎看不見白色，是因為表層含有葉綠素的關係，植株非常健壯。生長速度緩慢。利用枝插繁殖。

丘栖麒麟
E.clivicola

四角柱呈一節一節的綠色枝節上長有一對短刺，長著小葉片。葉片馬上就會掉落，所以並不顯眼。生長速度緩慢。

坦尚尼亞紅
E.(Monadenium)schubei'Tanzania Red'

產自坦尚尼亞。深紅紫色一粒粒突起的莖上長有多肉質的葉片。注意日照不足會使得顏色變淡。

Hoodia

麗杯角（火地亞）屬

〔夾竹桃科〕

有18種分布於安哥拉、納米比亞和開普州。圓柱狀和棒狀多肉質的莖上有許多的稜，稜上長有突起的尖刺。很常分枝群生，會開出淺黃白色或褐色的圓盤狀或淺盤狀花朵。

一整年都要放在日照充足通風良好的地方管理。冬季即使進入休眠期也要儘量照射到陽光。夏季生長期看到缽土乾燥就要給予充足水分。秋季等天變涼了就少量給水，冬季給予極少量的水分，春天會漸漸重新輪迴。

（currorii 的花）
花呈杯狀，五個角微微裂開，長有紫紅色的毛。

生育型	根的種類	難易度	原產地
夏型	細根	＊＊	南非

currorii　　H.currorii

圓筒狀的莖呈灰綠色，高20〜50cm。疣粒狀突起的前端長有針狀的刺。

（分枝之姿）
分枝的莖上半部開出淡紅褐色的淺盤狀花朵。

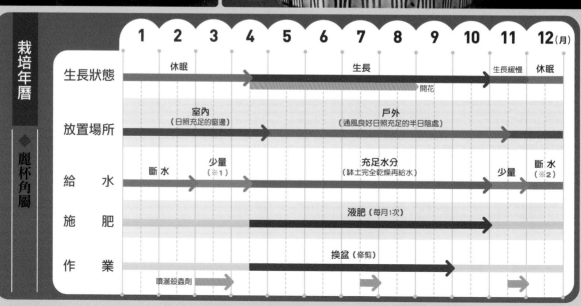

栽培年曆　◆麗杯角屬

	1	2	3	4	5	6	7	8	9	10	11	12 (月)
生長狀態	休眠			→		生長					生長緩慢	休眠
					開花					→		
放置場所	室內（日照充足的窗邊）			→	戶外（通風良好日照充足的半日陰處）						→	
給　水	斷水	少量（※1）			充足水分（缽土完全乾燥再給水）						少量	斷水（※2）
施　肥				液肥（每月1次）								
作　業				換盆（修剪）								
	噴灑殺蟲劑											

134

※1開始發芽後慢慢開始給水　　※2冷到10℃以下就斷水

龍角屬
Huernia

〔夾竹桃科〕

約有60個產自南非、東非、阿拉伯半島和衣索比亞等乾燥地帶。一顆一顆長有4～6個稜的莖幹長得不高，長到15cm就停止生長的小型種，有長成柱狀的，也有橫向匍匐生長等各式各樣的品種。在夏季，莖的前端會直接開出分裂成五角又厚實的筒形花朵，一整年都喜好待在半日陰處，適合種在室內。利用分株和葉插繁殖，植株健壯容易栽培的品種眾多，但在冬季最低溫度在5～10℃，就必須斷水尤佳。

（魔星花）
開出裂成五角的星型花朵。

生育型	根的種類	難易度	原產地
夏型	細根	✳✳✳✳	非洲～阿拉伯半島

魔星花　*H.macrocarpa*

直向或斜上生長的綠色或灰綠色莖幹，呈三角狀有長刺。嫩莖的底部會開出鐘形的花，花色的變化非常豐富。

阿修羅　*H.pillansii*

細軟的刺包覆在紡錘形的莖上，是長得較矮的小型種，群生仙人掌。根部會開出帶有褐色絲絨狀的花。

〈花〉

龍王角　*H.primulina*

產自開普州。灰綠色或灰青綠色的莖幹短小，整體長滿了鋸齒。會從前端開出裂成五角的鐘形花。

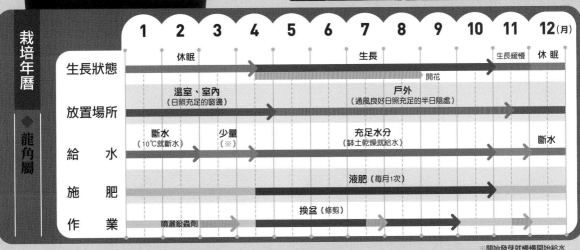

栽培年曆 ◆ 龍角屬		1	2	3	4	5	6	7	8	9	10	11	12 (月)
	生長狀態		休眠					生長				生長緩慢	休眠
									開花				
	放置場所		溫室、室內（日照充足的窗邊）					戶外（通風良好日照充足的半日陰處）					
	給　　水		斷水（10℃就斷水）		少量（※）			充足水分（鉢土乾燥就給水）					斷水
	施　　肥						液肥（每月1次）						
	作　　業		噴灑殺蟲劑			換盆（修剪）							

※開始發芽就慢慢開始給水

Echinocereus

鹿角柱屬

〔仙人掌科〕

有92種分布於北美的西南部和墨西哥，日本自古以來就稱這個屬為「蝦仙人掌」，所以又有蝦屬之稱。有柱狀、圓筒形和球形等各種形態，大多為群生。花朵又大又美，且雌蕊為綠色是其特徵。春至秋季需放在日照充足通風良好的地方，並充分照射到陽光。植株十分耐寒。

生育型	根的種類	難易度	原產地
夏型	細根	＊＊	南美、墨西哥

美花角 *E.pentalophus*
很容易群生。粗約1.5cm的細柱狀莖幹為鮮綠色，刺很少。會開出有光澤的紫紅色花朵。

多刺蝦 *E.polyacanthus*
圓筒形，直徑約3〜5cm。大多會呈現群生狀態。淡綠色偶爾帶點紫紅色的植株，長著針狀的刺。春季會開出漂亮的紅花。

太陽 *E.pectinatus var. rigidissimus*
「三光丸」的變種，整齊排列的刺無中刺，花開的狀況好壞和基本種不太相同。

紫太陽
E.rigidissimus var. rubrispinus
圓筒形的小型仙人掌，只會長高至30cm左右。長滿了由紅轉紫的細小綠刺，整體看起來就像是紅紫色的植株。

桃太郎
E.pentalophus cv.'Momotarou'
細柱狀，容易形成群生。鮮綠色的莖上長有白色短刺，但刺的數量很少。會開紫紅色的花。

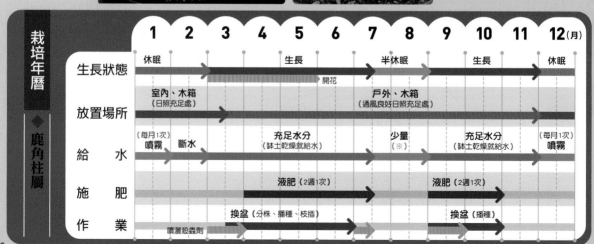

栽培年曆 ◆ 鹿角柱屬		1	2	3	4	5	6	7	8	9	10	11	12 (月)
	生長狀態	休眠				生長		半休眠			生長		休眠
						開花							
	放置場所	室內、木箱（日照充足處）						戶外、木箱（通風良好日照充足處）					
	給　水	(每月1次) 噴霧	斷水		充足水分（缽土乾燥就給水）			少量（※）		充足水分（缽土乾燥就給水）			(每月1次) 噴霧
	施　肥				液肥（2週1次）					液肥（2週1次）			
	作　業	噴灑殺蟲劑		換盆（分株、播種、枝插）						換盆（播種）			

136

※缽土乾燥等3〜4天後再給水

Echinopsis

短毛丸屬

〔仙人掌科〕

玻利維亞、阿根廷的安地斯山脈至巴西南部和烏拉圭，也有許多園藝品種。從球形到圓筒形的形狀都有，形成群生。花呈現大漏斗形，在夜晚開花，有些還帶有花香。自古以來被稱作「海膽仙人掌」，生長良好可當作嫁接的底木。

（大豪丸的花）
會開出花徑約7cm的白花。

生育型	根的種類	難易度	原產地
夏型	細根	＊＊＊＊	南美

大豪丸
E.subdenudata

稜上的刺座會長出白色軟毛。長花柄的前端從春季至夏季會開出白色的花。

紅花短毛丸 E.eyriesii

植株呈現圓筒狀，屬於群生仙人掌。是開白花的「短毛丸」的紅花種。也被認為是交配種。

Paramount
Lovia×Lobiviopsis 'Paramount'hyb.
麗花球屬和短毛丸屬的交配種麗花球仙人掌屬，花很漂亮。

長盛丸
E.multiplex

原產自巴西南部。非球形的短筒形，高30cm。會開出這個屬別中很稀有的淡粉色花朵，花徑約12～15cm的大朵花。有花香味。

福俵
E.multiplex f. cristata
「長盛丸」的綴化種。

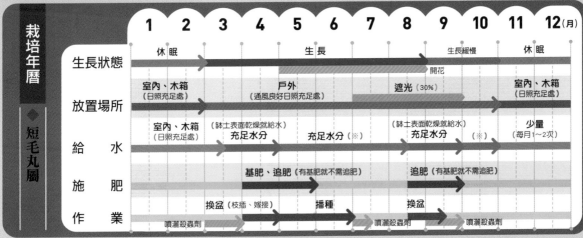

栽培年曆 ◆ 短毛丸屬		1	2	3	4	5	6	7	8	9	10	11	12 (月)
生長狀態		休眠					生長				生長緩慢		休眠	
									開花					
放置場所		室內、木箱（日照充足處）			戶外（通風良好日照充足處）				遮光（30%）			室內、木箱（日照充足處）		
給　水		室內、木箱（日照充足處）		（缽土表面乾燥就給水）充足水分		充足水分（※）			（缽土表面乾燥就給水）充足水分		（※）	少量（每月1～2次）		
施　肥					基肥、追肥（有基肥就不需追肥）				追肥（有基肥就不需追肥）					
作　業		噴灑殺蟲劑		換盆（枝插、嫁接）		播種		噴灑殺蟲劑	換盆		噴灑殺蟲劑			

※缽土表面乾燥等2～3天後再給水

Hylocereus

量天尺屬

〔仙人掌科〕

有24種分布於墨西哥至秘魯的森林地區,附生於森林地區的樹木上。像月下美人的花一樣,會在夜裡綻放並散發出濃郁香氣。以英文名稱「Dragon Fruit」在市面上流通,果實可食用,但近年則是拿去做園藝用的幼苗。由於是森林性的仙人掌,會長出氣根附生在樹木上,栽培時需要裝設支柱。生長旺盛,但日照不足會導致果實生長不佳。不耐寒,種植在8℃以下的地區需拿進室內斷水栽培,可以耐寒至0℃。

生育型	根的種類	難易度	原產地
夏型	細根	❊ ❊	墨西哥、秘魯

（火龍果）
開著大朵的白花。

（火龍果）可生吃果實。白實種的果肉是白色的。

迷你火龍果

Epiphyllum phyllanthus

和火龍果為不同屬,別名「石化月下美人」。最多生長至20～40cm,可以在狹窄的地方栽培。果實可食用。

白實種的苗（左）
紅實種的苗（右）

火龍果

H.undatus

別名「Pitaya」、「白蓮閣」。攀著樹木或岩石可生長至10m以上。

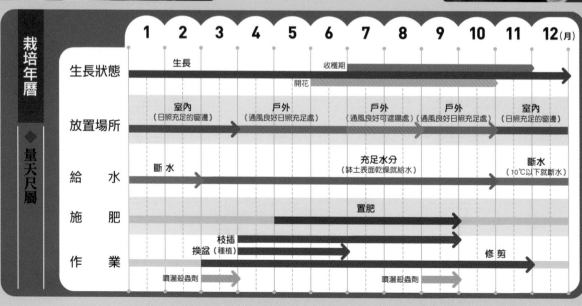

栽培年曆 ◆ 量天尺屬

	1	2	3	4	5	6	7	8	9	10	11	12 (月)
生長狀態		生長				收穫期 開花						
放置場所	室內（日照充足的窗邊）		戶外（通風良好日照充足處）			戶外（通風良好可遮陽處）			戶外（通風良好日照充足處）		室內（日照充足的窗邊）	
給　水	斷水					充足水分（缽土表面乾燥就給水）					斷水（10℃以下就斷水）	
施　肥						置肥						
作　業			枝插 換盆（種植）					修剪				
	噴灑殺蟲劑						噴灑殺蟲劑					

138

銀毛球屬

〔仙人掌科〕

與其他仙人掌不同的是沒有稜，表面長滿了整齊排列的螺旋狀細疣粒。一般為中、小型種，有球形、橢圓形和群生等各種形態。有損傷會流出汁液，植株上部會同時開出可愛的小花。

大多為喜好強烈光線的品種，若只照射微弱光線，要注意會拉長生長狀態的時間。尤其是有毛或是有長得像棉花的白刺的白刺銀毛球種，長時間照射日光會讓白刺長得更漂亮。不要淋到雨，給水時也是緩緩地從植株根部澆水即可。

希望丸 M.albilanata

產自墨西哥格雷羅州。一般為灰綠色的單幹，疣粒腋邊會長出許多白毛。還會開出許多紫紅色的花。

生育型	根的種類	難易度	原產地
夏型	細根	＊＊＊＊	南北美

赤花高砂 M.bocasama 'Roseiflora'

球狀。尖刺呈白毛狀，中刺一般都是一根鉤狀。春天會開出粉紅色花朵。

琴絲丸
M.(Dolichothele)camptotricha

表面呈疣粒狀的細長突起，上面長了長刺，容易群生因此易栽種。會從纏繞的長刺下方開出白色、奶油色的花。

《花》

長刺白龍丸 M.compressa

在「白龍丸」中，刺特別長才取其名，十分受歡迎。

白龍丸
M.compressa

直徑5～8cm的短圓筒形。植株群生。顏色為淡綠色，疣粒短小，紅褐色的前端長滿了白刺，但整體也有長紅褐色的刺。

雲峰 M.(Krainzia) longiflora

一般是單幹，偶爾會是群生。肉質軟嫩，稜是疣粒狀，前端有鉤狀的紅褐色小刺。春天是開花期，會綻放紫色的花朵。

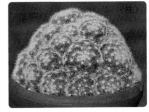
群生之姿。
《株》

滿月 M.candida

別名「雪白丸」。呈扁球或球形，之後會長成直徑9～10cm的短圓筒形大型種。單幹，會形成群生。

銀手毬
M.gracilis
從長球形至短圓筒形，直徑約2～2.5cm的小型種。群生呈地毯狀生長。褐色的中刺會在後期長出來。會開黃白色的花，花瓣上有褐色的中筋斑。

玉翁殿
M.hahniana f. lanata
M.hahniana var.
短圓筒形，徑8cm。群生。會從疣粒腋邊長出密集的白長毛。春天會開紫紅色的花。

玉翁 *M.hahniana*
一開始是球形，之後會變長球形。疣粒的腋邊會長出白毛與白硬毛覆蓋住整體，但白毛並不明顯，還有會長出黑刺的品種。

（長出長毛的玉翁品種）
玉翁的白毛有長有短，長白毛的叫做「長毛玉翁」。

白星山 *M.sphacelata*
群生品種。

月影丸
M.zeilmanniana
長著鉤狀刺花很美的小型種。一開始為單幹，之後會從底部形成群生。春天時會在植株上半部長出一圈如頭巾的花。

緋縅
M.mazatlanensis
圓筒形，直徑4cm，高12cm。會從下半部群生的強健種。春天到夏天會開出紫紅色的花。

春星 *M.humboldtii*
產自於墨西哥的伊達爾戈州。單幹，群生植株。直徑4～5cm的小型種，被羽毛狀的細刺覆蓋整體，紫桃色的花。

金星 M.(*Dolicothele*) *longimamma*

球形，單體的直徑約10cm，疣粒又長又大又軟。群生種，冬季休眠，春天至初夏會開亮黃色的花。

月宮殿
M.(Mamillopsis) senilis

一開始為球形，之後會呈短圓筒形，直徑為4～8cm，高6～12cm。群生種。長有透明白色的鉤刺，會開鮮紅色的花。

〈花〉

花徑約5cm，晚上開花。

猩猩丸 M.*spinosissima*

一般單幹時會群生。圓筒形直徑約10cm。因為刺是紅色的而取其名，深紅色刺的植株叫「新猩猩丸」。

霧棲丸
M.*woodsii*

單幹直徑約8cm。一開始為球狀，之後會微微長高。疣粒腋邊會長許多白毛。春天會開紫紅色的花。

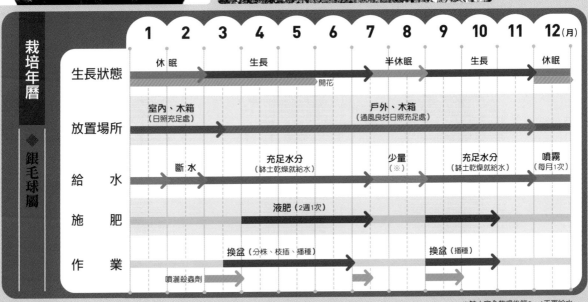

栽培年曆

◆銀毛球屬

	1	2	3	4	5	6	7	8	9	10	11	12 (月)
生長狀態	休眠		生長				半休眠			生長		休眠
						開花						
放置場所	室內、木箱 （日照充足處）				戶外、木箱 （通風良好日照充足處）							
給　水		斷　水		充足水分 （缽土乾燥就給水）			少量 （※）		充足水分 （缽土乾燥就給水）			噴霧 （每月1次）
施　肥				液肥（2週1次）								
作　業			換盆（分株、枝插、播種）						換盆（播種）			
	噴灑殺蟲劑											

Melocactus

花座球屬

〔仙人掌科〕

有100種以上已知種幾乎分布在熱帶地區，是仙人掌中最早被歐洲介紹出來而有名的屬別。和「圓盤玉」一樣屬於「花座仙人掌」的一種，植物看起來像是戴著帽子般，有「土耳其帽仙人掌」的暱稱。由於自生在溫暖地區，冬季需維持在6～7℃管理。

光雲 花座球屬裡的中型種。
M.communis(espinoso)

生育型	根的種類	難易度	原產地
夏型	細根	✻ ✻ ✻	中南美等地

涼雲
M.bahiensis

單幹，球徑10cm，高15cm。一開始為球狀，植株之後會微微長高。深綠色的外皮，長滿了起初為褐色之後會變灰白色的刺。

姬雲 M.concinnus

產自巴西。單幹的球形。白色的刺長在深綠色的外皮上十分搶眼。頂端的圓筒狀花座，長著羊毛狀的白毛和紅色的硬毛。

茜雲 M.ernestii

原產巴西。單幹綠色球形。頂部花座的直徑和高度都是6cm，有羊毛狀的白毛和紅色硬毛。果實為粉紅色。

macrodiscus

M.macrodiscus

產自巴西。單幹圓筒形。長得像紅色土耳其帽的花座，中間會開出稍微探出頭的粉紅色小花。

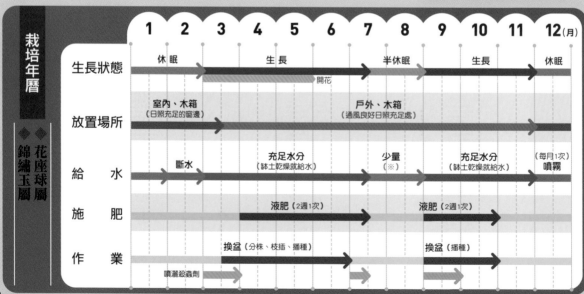

栽培年曆

錦繡玉屬 / 花座球屬

	1	2	3	4	5	6	7	8	9	10	11	12 (月)
生長狀態	休眠		生長				半休眠		生長			休眠
					開花							
放置場所	室內、木箱（日照充足的窗邊）					戶外、木箱（通風良好日照充足處）						
給水	斷水		充足水分（缽土乾燥就給水）				少量（※）		充足水分（缽土乾燥就給水）			（每月1次）噴霧
施肥			液肥（2週1次）						液肥（2週1次）			
作業			換盆（分株、枝插、播種）						換盆（播種）			
	噴灑殺蟲劑											

※缽土完全乾燥後等3～4天再給水

（雪晃的花）
花期開得很長。

錦繡玉屬
Parodia

〔仙人掌花〕

約有100種以上分布於阿根廷北部、玻利維亞、巴拉圭至巴西中南部等地，是南美產的圓形仙人掌中最大的屬別。從扁球形養成圓筒形，特徵是長著色彩鮮豔的刺和花朵。

在球體的頂端會開出漏斗狀的花，多花性，一次會開數朵花。要小心有些品種會長鉤狀的刺。有耐寒及耐暑的品種，但它非常怕悶熱，夏季要避雨。另外，排水不佳會導致腐根，至少2年要換盆1次。

生育型	根的種類	難易度	原產地
夏型	細根	✽ ✽ ✽ ✽	中南美

雪晃　*P.(Brasilicactus) haselbergii*

產自巴西南部。直徑10～15cm的扁球形，被白色細毛整體包覆。冬天至春天開花。多花性，會開出花徑3cm的紅色花朵。

錦繡玉
P.aureispina

產自阿根廷薩爾塔。單幹球形，直徑6cm，高約10cm。鮮綠色的外皮長滿了金黃色的刺。會開金黃色的花。

金晃殿　*P.(Eriocactus) warasii*

毛茸茸的金色細刺是其魅力。花期會開奶油色的花。

銀粧玉
P.nivosa

產自阿根廷薩爾塔。單幹，呈球形、短圓筒形，直徑8cm，高15cm。亮綠色的外皮長著白色針狀的刺。開著紅花。

英冠玉
P. (Eriocactus) magnifica

別名「榮冠玉」。青綠色外皮覆蓋著白粉。單幹，偶爾會群生。刺座有長類似羊毛氈的綿毛，刺呈現毛髮狀。

4

多肉植物圖鑑

莖多肉植物●花座球屬●錦繡玉屬

143

菫丸

別名「芍藥丸」。扁球形很容易群生。會開深紫紅色的花，若是實生栽培的會開出黃花。

緋繡玉 *P.sanguiniflora*

產自阿根廷的薩爾塔。單幹，球徑為7～8cm的小型種。刺座長滿白毛，春天會開出有金屬光澤的大紅色花朵。

金晃丸

P.(Eriocactus, Notocacutusu) *leninghausii*

被黃色長刺覆蓋呈圓筒狀生長，群生。像金髮般柔軟的刺很美。生長至大株時會開出大形的黃花。

青王丸 P.(Notocactus)ottonis

深綠色，會從下半部群生並分株。稜呈圓形並低矮的瘤狀，長有淡黃色及紅褐色的刺。會開深黃色的花。

黃花雪晃 *P.(Brasilicactus) haselbergii hyb.*

是「黃雪晃」和「雪晃」的交配種。單幹，低球形徑10cm。黃花的花徑為2～2.5cm，比雪晃開出更多小黃花。

栽培年曆　P142

岩牡丹屬

Ariocarpus

〔仙人掌科〕

乍看之下會讓人以為是岩石的仙人掌。是「牡丹類」的屬別之一，仙人掌類中生長最緩慢。疣粒是從稜變形而來，形狀有些許不同。植株無刺，只會留下刺座的痕跡，疣粒的腋邊會長出棉毛，頂端也被毛覆蓋住。

樸素的姿態卻會開出直徑10cm以上的大花。會從頂端附近的疣粒開花，在日本會從初秋開至晚秋。原本也是牡丹類的連山屬現在已納入岩牡丹屬之中。

生育型	根的種類	難易度	原產地
夏型	細根、粗根	✼✼✼✼	墨西哥

龜甲牡丹 A.fissuratus

低球形，直徑8〜9cm。深綠色，頂端平坦，長著白毛的刺座呈現美麗的姿態，三角形的葉片表面有龜甲的紋路。花期會開紫紅色的花。

花牡丹
A.furfuraceus

別名「皺疣花牡丹」。本體是灰青綠色。疣粒的幅度很寬，還會長出突起物。被強烈的陽光直射，要小心疣粒的顏色會轉成紅紫色。

玉牡丹 A.retusus

產自於墨西哥聖路易斯的「岩牡丹」的園藝選拔品種，葉寬厚實的品種就叫此品名。

4

多肉植物圖鑑

莖多肉植物●岩牡丹屬

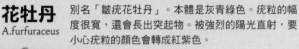

栽培年曆

烏羽玉屬｜岩牡丹屬

	1	2	3	4	5	6	7	8	9	10	11	12 (月)
生長狀態	休眠				生長			生長緩慢	開花	生長		生長緩慢
放置場所	室內※ (日照充足的窗邊)				戶外、木箱 (通風良好日照充足處)							
給水	少量 (每月1〜2次)				充足水分 (缽土乾燥就給水)（岩牡丹屬少量給水)						少量 (每月1〜2次)	
施肥					液肥 (每月1次)					液肥 (每月1次)		
作業			換盆 (分株、播種)							換盆 (分株、播種)		
		噴灑殺蟲劑										

※5℃以下就不需要

Astrophytum

星球屬

〔仙人掌科〕

外表遍布了很像星空的白棉毛斑點而有「有星類」仙人掌之稱，又分成兜系、鸞鳳玉系、瑞鳳玉系和般若系四大類。

也有沒長刺的種類，有非常多種變化，可以享受此品種「百變」的樂趣。基本上長有8個稜、開黃花，也有錦斑種。不耐寒，冬季要維持5℃以上，不能完全斷水，每月至少要少量給水1～2次。

生育型	根的種類	難易度	原產地
夏型	細根	＊＊＊＊＊	北美、墨西哥

赤花兜 A.asterias

紫紅色的花色，底部會染上深紅色。

兜丸 A.asterias

別名「兜」。單幹扁球形。稜背與長有圓形毛球的刺座相連，毛球又長有無刺的疣粒。外皮遍布星點，整體看起來整齊又高雅。

〈花〉底為橙色的黃花，花徑6～10cm。在3～10月的花期內會斷斷續續地開花。

兜錦
A.asterias f. variegata

產自墨西哥塔毛利帕斯州、新萊昂州和美國德州，是「兜丸」的黃斑種。

瑞鳳玉
A.capridorne

單幹，後期會長成圓柱狀，高30cm。有星點密集遍布的品種，也有四散的品種，會開大朵黃花。

鸞鳳玉錦
A.myriostigma f. variegate

產自墨西哥中北部「鸞鳳玉」的錦斑種。完全無刺，長有明顯星點的外皮有紅、粉紅、黃和淡綠色的斑紋。

碧瑠璃鸞鳳玉錦
A.myriostigma
var. nudum

單幹，一開始長成
球狀，但高度在後
期會長高。在「鸞
鳳玉」中，沒有長
出任何白斑的就取
其名。

四角鸞鳳玉
A.myriostigma var. strongylogonum

在「鸞鳳玉」之中，長有厚實又鈍角的綾，花
比較大朵的品種就稱呼其名，但要明顯區分兩
者有點困難。

鸞鳳玉 A.myriostigma

植物體被白點覆蓋，一開始為球狀，之後會變
成柱狀，高50～
60cm、徑16～
17cm。稜的基
本數為5個。會
開黃花。

〈花〉

般若 A.ornatum

一開始為球狀，之後
會慢慢長成圓柱狀。
本體色為深綠色。一
般的稜數為8個，會長
銳利的金刺及開黃
花。

五角碧瑠璃鸞鳳玉
A.myriostigma var. potosinum subvar. glabrum

單幹，一開始為球狀之後會成為柱狀。和「鸞鳳
玉」的形狀相同，但沒有白點。要與「碧瑠璃鸞鳳
玉」作區別有點困難。

4

多肉植物圖鑑

莖多肉植物 ● 星球屬

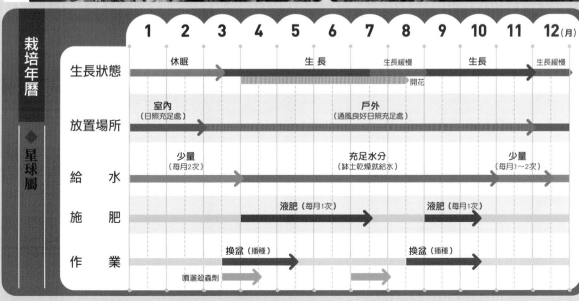

栽培年曆 ◆ 星球屬		1	2	3	4	5	6	7	8	9	10	11	12 (月)
	生長狀態	休眠			生 長				生長緩慢		生長		生長緩慢
						開花							
	放置場所	室內（日照充足處）						戶外（通風良好日照充足處）					
	給　水	少量（每月2次）						充足水分（缽土乾燥就給水）				少量（每月1～2次）	
	施　肥						液肥（每月1次）			液肥（每月1次）			
	作　業			換盆（播種）						換盆（播種）			
				噴灑殺蟲劑									

147

Echinocactus

仙人球屬

〔仙人掌科〕

約有9種分布於美國的內華達州、猶他州、加州、亞利桑那州、新墨州，到墨西哥南部。一般生長為大球，被又粗又尖的刺覆蓋，仙人掌內最具風格的代表，球頂部被棉毛覆蓋非常美麗。

近30～40年發現此品種不生長就不會開花，球體裂開後會開出數朵不顯眼的小花。只要放在通風良好處種植，就能耐強烈日照，若日照不足，刺會長得不好。尤其是春秋需要充足的日光。

生育型	根的種類	難易度	原產地
夏型	細根	＊＊	美國、墨西哥

金鯱 E.grusonii

會長成巨大的球體，又稱金鯱、象牙球，分量十足。開花需要一點時間，球徑不長到40cm以上就不會開花。

球體上開滿了小花，日光照射下會開花。

鬼頭丸
E.visnaga

中小型的球形，養育久了植株會長高。有著灰綠色至深綠色間顏色的外皮，頂端長著棉毛。

白刺金鯱
E. grusonii var. albispinus

是從栽培品裡培育出來的品種，植株健壯生長速度快。剛開始長出的刺帶點紅色，但馬上就會變白色。實生繁殖。

春雷
E.palmeri

單幹呈球形，外皮枯萎後植株會長高，深褐色的尖刺會直立生長。夏季會開出花徑7cm左右的黃花。

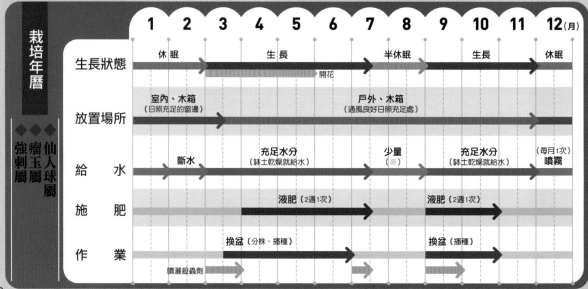

栽培年曆

強瘤玉屬　仙人球屬　刺屬

	1	2	3	4	5	6	7	8	9	10	11	12 (月)
生長狀態	休眠			生長			半休眠		生長			休眠
					開花							
放置場所	室內、木箱（日照充足的窗邊）					戶外、木箱（通風良好日照充足處）						
給　水	斷水		充足水分（缽土乾燥就給水）				少量（※）		充足水分（缽土乾燥就給水）			（每月1次）噴霧
施　肥				液肥（2週1次）					液肥（2週1次）			
作　業			換盆（分株、播種）						換盆（播種）			
	噴灑殺蟲劑											

※缽土完全乾燥後等3～4天再給水

Gymnocalycium
裸萼屬

〔仙人掌科〕

有95個品種分布在阿根廷、烏拉圭、巴拉圭、玻利維亞和巴西等地，刺、顏色、形狀和花色的變化豐富。和其他仙人掌不同的是沒有棉毛和刺覆蓋植株。性質十分強健，但不喜盛夏的高溫，喜好溫和的日光，用遮光網遮住強烈光線尤佳。

生育型	根的種類	難易度	原產地
夏型	粗根	＊＊＊＊	南美

翠晃冠 G.anisitsii
呈扁球形和球形，單幹，偶爾群生。球徑11～13cm。亮綠色的外皮長有黃白色的刺。會開白色或粉紅色的花。

海王丸 G.denudatum cv.
綠色至深綠色的扁球狀。球徑是12～15cm。尖刺呈彎曲狀，緊貼著球體。花是純白色。開紅色系花朵的又稱為「赤花海王丸」。

（赤花海王丸）除了有深粉紅色的花，也有開其他紅色系的花。

緋牡丹錦 G.mihanovichii var. friedrichii cv. 'Hibotan-Nishiki'
球體有橫條紋「牡丹玉」的紅斑種。也有整體都長滿斑的品種，兩者都很難栽培。不耐陽光直射，需要遮光管理。

〈花〉

黃牡丹（左）、黑牡丹（右）

緋牡丹 G.mihanovichii v. friedrichii cv.
在日本誕生不含葉綠素突然變異的品種。整體呈現鮮豔的紅色，由於不會行光合作用，要用嫁接方式生長。會開桃紅色的花。

緋花玉綴化 G.baldianum f. cristata
產自阿根廷卡塔馬卡的「緋花玉」綴化種。深綠色的植株，長著黃灰色及灰白色的刺。春夏季會開出紅花。

翠晃冠錦 G.anisitsii f. variegata
產自巴拉圭「翠晃冠」的錦斑種。長著黃色及橘色的斑紋，但每一個植株長斑的花紋都不太一樣。

4

多肉植物圖鑑

莖多肉植物●仙人球屬●裸萼屬

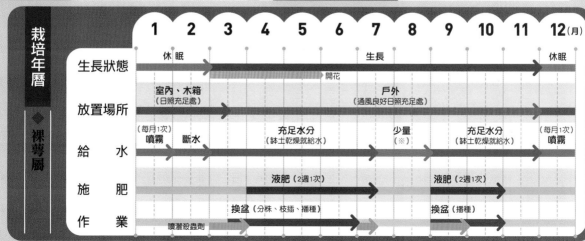

栽培年曆 ◆裸萼屬		1	2	3	4	5	6	7	8	9	10	11	12 (月)
	生長狀態	休眠						生長					休眠
						開花							
	放置場所	室內、木箱 (日照充足處)						戶外 (通風良好日照充足處)					
	給水	〔每月1次〕噴霧	斷水		充足水分 (缽土乾燥就給水)				少量 (※)	充足水分 (缽土乾燥就給水)			〔每月1次〕噴霧
	施肥				液肥（2週1次）					液肥（2週1次）			
	作業		噴灑殺蟲劑		換盆（分株、枝插、播種）					換盆（播種）			

※缽土完全乾燥後等3～4天再給水

149

Lophophora

烏羽玉屬

〔仙人掌科〕

有3種分布在美國德州南部至墨西哥中部。扁球狀的球體下部，有著比本體大2.5倍的大根。本體是灰青色或灰綠色，無刺軟嫩又多肉質的姿態，就像蓬鬆的饅頭一樣。

從刺座長出長軟毛，變成老株後會被頂端的軟毛覆蓋。花為頂生，白色或粉紅色的花會從棉毛中綻放。可放在陽光照射的地方栽培，盛夏時要遮光預防曬傷。給水時要注意避開棉毛。

生育型	根的種類	難易度	原產地
夏型	粗根	✳ ✳ ✳	美國、墨西哥

翠冠玉　L.lutea

球形單幹，枯萎後會群生。稜長得不高也不顯眼，刺座的毛又長又柔軟。會開出白色帶點淡粉色的花。

烏羽玉　L.williamsii

一開始是單幹，之後會呈現群生狀態。主體的顏色是覆蓋白粉的青綠色。會從刺座長出軟毛，但沒有刺。

〈花〉

花的直徑約2cm，是淡粉紅色。

子吹烏羽玉錦

L.williamsii f. variegata

「烏羽玉」的錦斑種，群生後會誕生出很多不同種類的錦斑種，可享受生長過程。

150

栽培年曆　P145

（多彩玉之姿）
長又彎曲的刺覆蓋住球體。

新智利（銀翁玉）屬

〔仙人掌科〕

分布於南美的智利，隸屬於南美產的球形仙人掌屬別裡。形狀從球形到圓筒形都有。小型種，直徑7～9cm左右。粉色系的花會從頂端群生，銀翁玉屬現在已被納入新智利屬內。

喜好日光，可放在日照充足不會淋到雨的陽台上，照射到充足陽光可避免徒長。不過在夏季則要放在遮光通風良好處管理。冬季則拿進室內，少量給水，即使在冬季至少也要照到半天的陽光尤佳。

生育型	根的種類	難易度	原產地
冬型	主根＋粗根	＊＊＊＊	智利

多彩玉

一開始呈球形之後會變圓筒狀。許多刺密集生長覆蓋住球體。刺為淡黃色及黑褐色。早春開始整個春季都會開花。

〈花〉

（多彩玉的花）會開出紅色與紫紅色的花。

銀翁玉 E.(Neoporteria) nidus

一開始為球形，之後會變成圓筒狀。刺為硬毛狀，但同時有軟毛與硬毛。顏色變化豐富，和長得很像的「白翁玉」不太能分辨得出來。

4
多肉植物圖鑑

莖多肉植物●烏羽玉屬●新智利屬（銀翁玉）

栽培年曆

◆新智利屬

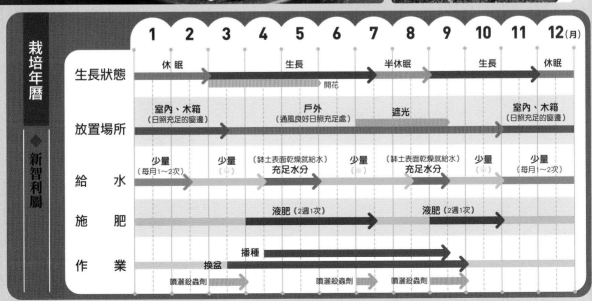

	1	2	3	4	5	6	7	8	9	10	11	12（月）
生長狀態	休眠			生長			半休眠			生長		休眠
				開花								
放置場所	室內、木箱（日照充足的窗邊）			戶外（通風良好日照充足處）			遮光				室內、木箱（日照充足的窗邊）	
給水	少量（每月1～2次）	少量（※）		充足水分（缽土表面乾燥就給水）		少量（※）		充足水分（缽土表面乾燥就給水）		少量（※）	少量（每月1～2次）	
施肥				液肥（2週1次）				液肥（2週1次）				
作業			播種									
			換盆									
	噴灑殺蟲劑					噴灑殺蟲劑		噴灑殺蟲劑				

※缽土乾燥後等2～3天後再給水

Thelocactus
瘤玉屬

〔仙人掌科〕

約有20種分布在美國德州至墨西哥克雷塔羅。大部分是10cm左右的中型種，植株為球形、長球形和扁球形。刺也有分為短刺、長刺、粗硬刺、直刺和彎刺，刺色也有白、紅、黃和褐色等變化豐富。從球頂會長出跟刺和植株很協調的美麗花朵。

生育型	根的種類	難易度	原產地
夏型	細根	★★★✱✱	美國、墨西哥

緋冠龍　*T.hexaedrophorus var. fossulatus*
被當作是「天晃」的變形種，其實是獨立的變形種。
大顆的疣粒分出了13個稜，長有暗紅色的刺。

〈花〉

大統領　*T.bicolor*
個體變異很多，一般呈單幹，大部分呈現短圓筒形與圓柱狀，徑6～10cm，高20cm。春天會開出底部深色的紫紅色花。

紅鷹
T.heterochromus
別名「多色玉」。
單幹扁球形，球徑12～15cm。灰綠色與灰青綠色間的外皮上長了粗刺。紫紅色的花底部會呈現深色。

薔薇丸
T.vaidezianus
單幹長球形。深綠色的球體被纖細如羽毛狀的白刺覆蓋。會從黑紫色的花苞中開出紫紅色的花。

Turbinicarpus
姣麗玉屬

〔仙人掌科／球狀仙人掌〕

有9種小型仙人掌分布在美國塔毛利帕斯州。無論生長在何處，姿態都很美，開花期長也是受歡迎的原因。球徑2～3cm，最大也只長到5cm就停止，如果種在偏大的盆器內要小心別給予過多水分以免失敗。半休眠與休眠期要避免完全斷水，只要乾燥就要給水。

生育型	根的種類	難易度	原產地
夏型	細根	★★★✱✱	墨西哥

赤花姣麗玉
T.alonsoi
原產於墨西哥瓜納華托州。單幹。直徑6～7cm的球形，疣粒非常明顯。其中最大的疣粒長約1cm。

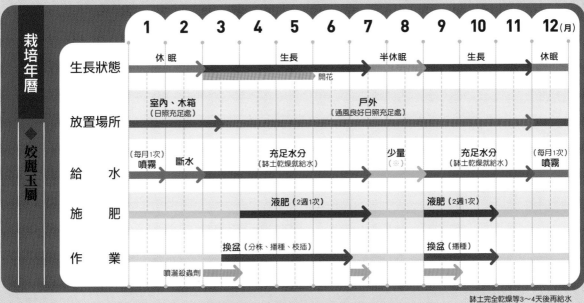

栽培年曆												
◆ 姣麗玉屬	1	2	3	4	5	6	7	8	9	10	11	12 (月)

生長狀態：休眠 → 生長 → 開花 → 半休眠 → 生長 → 休眠

放置場所：室內、木箱（日照充足處）→ 戶外（通風良好日照充足處）

給水：（每月1次）噴霧｜斷水｜充足水分（缽土乾燥就給水）｜少量（※）｜充足水分（缽土乾燥就給水）｜（每月1次）噴霧

施肥：液肥（2週1次）｜液肥（2週1次）

作業：換盆（分株、播種、枝插）｜換盆（播種）｜噴灑殺蟲劑

缽土完全乾燥等3～4天後再給水

Ferocactus

強刺屬

〔仙人掌科〕

有39種分布在美國內華達、猶他、亞利桑那、新墨和德州各州，以及墨西哥下加利福尼亞半島。在仙人掌裡是刺最大的品種。從球形轉變成柱狀的種類很多，刺為鮮紅色、紫色、黃色和褐色，變化豐富，像是要把球體包覆住般密集生長。

生育型	根的種類	難易度	原產地
夏型	細根	✳✳✳✳	美國、墨西哥

（巨鷲玉）從球頂開出黃花。

巨鷲玉　*F.horridus*

單幹。一開始為球形，後來會長成圓柱形，高約100cm。稜為高稜，稜與稜之間的溝很深。長有暗紅色的硬刺，會開黃花。

荒鷲　*F.pottsii*

也叫pottsii。在刺生長發達的強刺屬中，刺較為稀疏的狀態。植株強健容易繁殖。

〈刺〉

栽培年曆 → P148

4

多肉植物圖鑑

莖多肉植物 ● 瘤玉屬 ● 姣麗玉屬 ● 強刺屬

仙人掌屬

〔仙人掌科〕

約有250種大多生長在美國地區，經過加拿大、美國、墨西哥到阿根廷，分布範圍廣闊，是仙人掌科中最大的屬別。扁平團扇代表中，多肉質的莖呈關節狀，莖節從50cm長到只有手指長度大小的尺寸都有。長的像兔耳般可愛。

生育型	根的種類	難易度	原產地
夏型	粗根	✳ ✳ ✳	美國

羅布斯塔　O.robusta

別名「御鏡」、「大丸盆」。莖節又大又厚，呈圓形或長橢圓形。青綠色的外表有白粉覆蓋，易分枝。開黃花。

〈花〉

金武扇　O.dillenii (O.tuna)

多分枝也易群生。莖節呈倒卵形或長橢圓形，7～40cm長。會開檸檬色的花，但系統不同偶而會開紅花。

初日之出　O.vulgaris

也被稱為「單劇團扇」，莖節為長橢圓形。有白斑的才叫「初日之出」。白色部分偶而會帶點紅色。

青海波　O.lanceolata f. crist

青海波的石化品種，養到越大，皺摺也越多。喜好陽光，可放在日照充足處管理。

大型寶劍
O.maxima

是第一個傳至日本的仙人掌，傳來時間在江戶時代。分枝多，呈樹木狀。莖節呈湯勺形，長約35cm，幾乎沒長刺。

墨烏帽子
O.rubescens

無長刺的仙人掌，養大了也很適合種在室內。因為沒有莖節而有「萬歲仙人掌」的暱稱。

白桃扇
O.microdasys
var.albispina

「金烏帽子」的白刺變種，被又白又細的刺覆蓋著。別名「白鳥帽子」或「象牙團扇」，有個兔耳朵的暱稱。

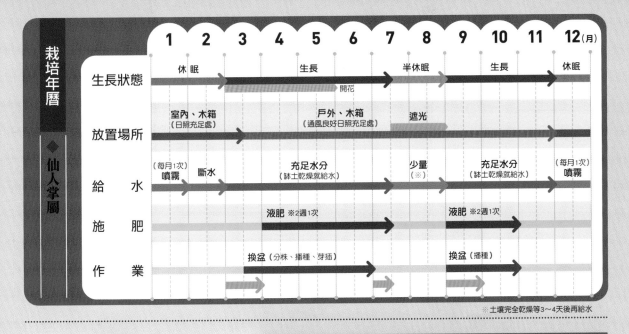

	1	2	3	4	5	6	7	8	9	10	11	12 (月)
生長狀態	休眠				生長			半休眠		生長		休眠
						開花						
放置場所	室內、木箱 （日照充足處）				戶外、木箱 （通風良好日照充足處）			遮光				
給　水	（每月1次） 噴霧	斷水			充足水分 （缽土乾燥就給水）			少量 （※）		充足水分 （缽土乾燥就給水）		（每月1次） 噴霧
施　肥					液肥 ※2週1次					液肥 ※2週1次		
作　業				換盆（分株、播種、芽插）					換盆（播種）			

※土壤完全乾燥等3～4天後再給水

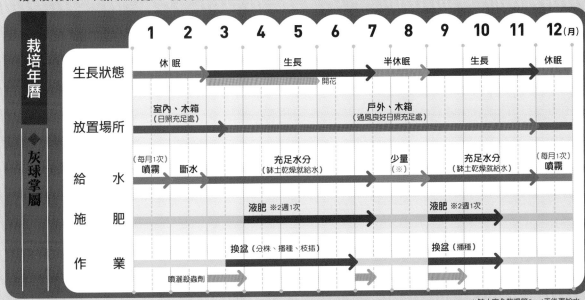

Tephrocactus

灰球掌屬

〔仙人掌科〕

約有80種分布在秘魯中南部、智利、玻利維亞和阿根廷等地。屬名為「灰（白）色仙人掌」，因植株顏色而取其名。與逆刺球掌屬同為球狀團扇，植株低，群生。莖節為球形、橢圓形和長橢圓形，有點像腫包的頂端長有刺座，並長滿了許多芒刺。刺為針狀、紙狀和硬毛狀，還會開出介於黃色與紅色間的花。

生育型	根的種類	難易度	原產地
夏型	細根	✴✴✴✴	南美等地

松笠團扇 *T.articulatus var. inermis*

產自阿根廷西部。莖節呈現帶點紫色的灰綠色長橢圓形，幾乎沒有長刺，不耐悶熱的夏天，夏季要少量給水。

	1	2	3	4	5	6	7	8	9	10	11	12 (月)
生長狀態	休眠				生長			半休眠		生長		休眠
					開花							
放置場所	室內、木箱 （日照充足處）				戶外、木箱 （通風良好日照充足處）							
給　水	（每月1次） 噴霧	斷水			充足水分 （缽土乾燥就給水）			少量 （※）		充足水分 （缽土乾燥就給水）		（每月1次） 噴霧
施　肥					液肥 ※2週1次					液肥 ※2週1次		
作　業				換盆（分株、播種、枝插）					換盆（播種）			
		噴灑殺蟲劑										

※缽土完全乾燥等3～4天後再給水

Cereus

仙人柱屬

〔仙人掌科〕

有43種分布於西印度群島至南美東南部的柱仙人掌。莖幹很長，也長有明顯的稜，呈角柱型，因此被分進柱狀型柱仙人掌的類別裡。夜晚會開出大朵的花。植株健壯，以前就傳自日本，很常在溫暖地區的屋簷下或庭院看見它。

生育型	根的種類	難易度	原產地
夏型	主根＋細根	＊＊＊	西印度群島～南美

殘雪之峰 C.spegazzinii f.cristata

之前隸屬於殘雪柱屬（Monvillea）。像是扇子撐開的形狀，頂端長有白色棉毛，日文屬名正如其名。

連城角 C.neotetragonus

產自巴西。從根部長出直立的枝節，高3m左右。長出褐色及黑色的針狀刺約1cm以下。會開出紅花。

別被抗電磁波仙人掌給騙了！

仙人柱屬之中有被稱為「抗電磁波仙人掌」的品種，並宣稱此種仙人掌可以吸收或阻隔電磁波。這並不是真的。電磁波的種類有分無限多種波長，如果無法證明可以吸收什麼波長的電磁波就一點意義都沒有。

被叫做「抗電磁波仙人掌」的「神仙堡（秘魯蘋果石化）」，到底能吸收哪種電磁波呢？植物行光合作用，自然會吸收太陽光紅色的部分。因此反射其他顏色就讓植物看起來是綠色的，其他植物也是如此，所有的綠色植物都一樣，並不僅限於「神仙堡」。

學習如何看穿商人的詐騙手法吧。

秘魯蘋果
C.peruvianus

俗稱「抗電磁波仙人掌」，整體群聚生長為小塊狀突起的形狀。遇上寒流植株會變紅。

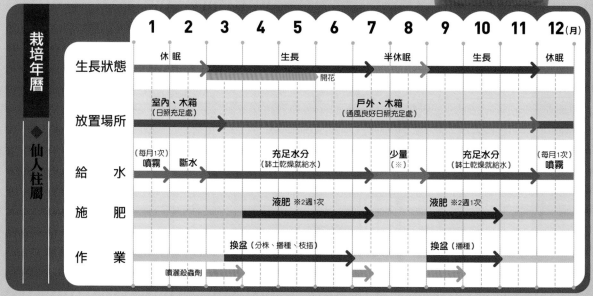

栽培年曆 ◆仙人柱屬

	1	2	3	4	5	6	7	8	9	10	11	12 (月)
生長狀態	休眠		生長				半休眠			生長		休眠
			開花									
放置場所	室內、木箱（日照充足處）					戶外、木箱（通風良好日照充足處）						
給 水	（每月1次）噴霧	斷水	充足水分（缽土乾燥就給水）				少量（※）		充足水分（缽土乾燥就給水）			（每月1次）噴霧
施 肥			液肥 ※2週1次						液肥 ※2週1次			
作 業			換盆（分株、播種、枝插）						換盆（播種）			
		噴灑殺蟲劑										

※缽土完全乾燥等3～4天後再給水

156

Pachycereus

摩天柱屬

〔仙人掌科〕

約有7種巨大柱狀仙人掌分布在墨西哥。屬名為希臘語「火炬仙人掌」之意。一般會從地面長高至2m左右的莖幹上長枝，但也有從莖幹中途就出枝，會長高至10m以上。白天開花。開花後會結出像栗子一樣多刺的果實。選用缽盆偏大一點，放在可照射到強烈陽光的場所管理。

（武倫柱）
長出黃褐色的長刺。

生育型	根的種類	難易度	原產地
夏型	細根	✳✳✳✳	墨西哥

武倫柱 *P.pringlei*

產自墨西哥。圓柱形的粗幹直徑為60cm，高10m以上。會從植株上長出子株群立，在日本栽種要培育出原本的大小需花點時間。長有黃褐色的刺，會開白花。

福祿壽

P.(Lophocereus)schotti f. monstrosus

本體呈黃綠色無刺，長有不規則如腫包狀的稜。不喜高溫，要放在通風良好處養育。可用胴切枝插繁殖。

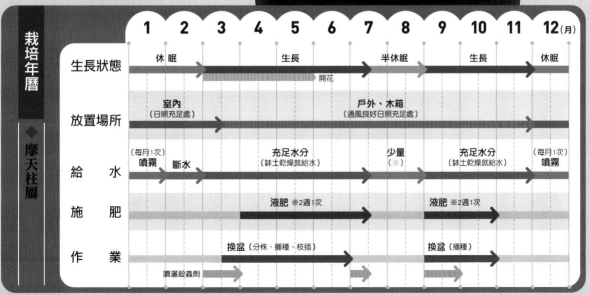

栽培年曆

◆摩天柱屬

		1	2	3	4	5	6	7	8	9	10	11	12 (月)
生長狀態		休眠			生長			半休眠		生長			休眠
						開花							
放置場所		室內 (日照充足處)					戶外、木箱 (通風良好日照充足處)						
給水		(每月1次) 噴霧	斷水		充足水分 (缽土乾燥就給水)			少量 (※)		充足水分 (缽土乾燥就給水)			(每月1次) 噴霧
施肥					液肥 ※2週1次					液肥 ※2週1次			
作業					換盆 (分株、播種、枝插)					換盆 (播種)			
			噴灑殺蟲劑										

※缽土完全乾燥等3～4天後再給水

157

Hatiola
仙人棒屬

〔仙人掌科〕

附生性，有5～7種分布在巴西東南部。莖節呈細圓柱狀和絲葦屬很像，但花只會開在植株前端，以及長有刺座這幾點和絲葦屬不同。會開黃色或橘紅色的花，只有在陽光照射下才會開花。成熟果實為白色。和巴克利蟹爪蘭很像的復活節仙人掌，現在已隸屬於此屬別內。

（復活節仙人掌）
開著淡粉色花的「phenix」

生育型	根的種類	難易度	原產地
冬型	細根	✴✴	巴西

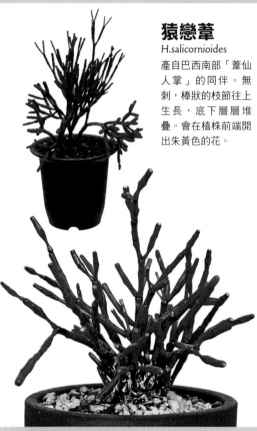

猿戀葦
H.salicornioides
產自巴西南部「葦仙人掌」的同伴。無刺，棒狀的枝節往上生長，底下層層堆疊。會在植株前端開出朱黃色的花。

復活節仙人掌
H.gaertneri
比巴克利蟹爪蘭還要再小一號，莖節邊緣突起消失後長出星形的花朵。花筒也不像巴克利蟹爪蘭一樣長。

（復活節仙人掌）開著深桃紅色花的「Evita」

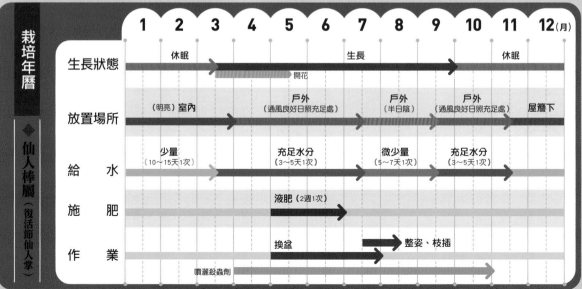

栽培年曆　仙人棒屬（復活節仙人掌）

	1	2	3	4	5	6	7	8	9	10	11	12 (月)
生長狀態		休眠					生長				休眠	
				開花								
放置場所	(明亮)室內			戶外 (通風良好日照充足處)			戶外 (半日陰)		戶外 (通風良好日照充足處)			屋簷下
給　水	少量 (10～15天1次)			充足水分 (3～5天1次)			微少量 (5～7天1次)		充足水分 (3～5天1次)			
施　肥				液肥 (2週1次)								
作　業				換盆			整姿、枝插					
			噴灑殺蟲劑									

158

Epiphyllum

曇花屬

〔仙人掌科〕

約有16種分布在美國熱帶地區，幾乎都有附生性，可養成大型種，圓柱狀的莖為木質化。會從扁平厚實的莖節開出大朵的花。有許多品種會開出充滿花香味漏斗形的花，花筒部有許多長雄蕊。此屬和其他多數森林性仙人掌屬交配而誕生的是孔雀仙人掌，花形及花色都很豐富。

生育型	根的種類	難易度	原產地
冬型	細根	＊＊＊＊	美國熱帶地區

孔雀仙人掌
Epiphyllum hybrid

經過改良的園藝品種，花色多樣又會開出漂亮的花朵，很得人緣。圖為自古以來就有的品種「carpet」。

歌麿呂美人
E.cv.

「月下美人」和「夜宵孔雀」的交配種。花徑約18cm，比月下美人還小株。開花期在6～10月間，會開2～3次花。

食用月下美人
Epiphyllum hybrid

與月下美人交配會結果的品種。開花後約30～40天果實會成熟。花是白色。

〈果實〉

白色的果肉，吃起來脆脆的口感，味道酸甜。

月下美人
E.oxypetalum

花徑20～22cm。9～10月是開花的高峰期。純白色的花有香味，晚上8點開始開花，到隔天早上就會枯萎的一夜花。

Cinderella *E.cv.*

會開出直徑20cm的淡粉色花朵。略圓的花瓣呈平開狀。

金華山 *E.cv.*

會開出黃色大朵花。

白眉孔雀
E.darrahii

產自墨西哥南部，約80cm高。葉片呈鋸齒狀，花徑約10cm。早上開花會散發出濃郁的花香。

4

多肉植物圖鑑

莖多肉植物●仙人棒屬●曇花屬

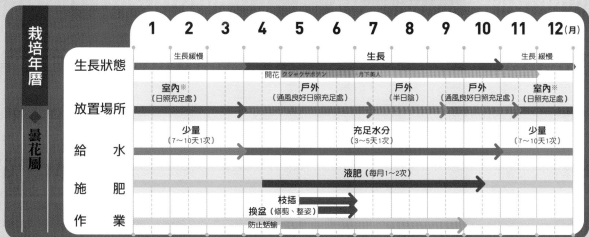

栽培年曆 ◆曇花屬

	1	2	3	4	5	6	7	8	9	10	11	12 (月)
生長狀態		生長緩慢					生長				生長 緩慢	
			開花 クジャクサボテン 月下美人									
放置場所	室內※ (日照充足處)			戶外 (通風良好日照充足處)			戶外 (半日陰)		戶外 (通風良好日照充足處)		室內※ (日照充足處)	
給水	少量 (7～10天1次)					充足水分 (3～5天1次)					少量 (7～10天1次)	
施肥						液肥 (每月1～2次)						
作業			枝插 換盆 (修剪、整姿) 防止蛞蝓									

Schlumbergera
蟹爪蘭屬

〔仙人掌科〕

有6種附生性仙人掌分布於巴西東南部。扁平的葉狀莖節易分枝，莖節突起物呈尖狀，其莖節突起物呈圓形的是拉塞爾蟹爪蘭。花開得很漂亮，看起來很華麗的「丹麥仙人掌」成為近年的主流。

巴克利蟹爪蘭的白花

生育型	根的種類	難易度	原產地
冬型	細根	＊＊＊	巴西

巴克利蟹爪蘭
S.buckleyi cv.

丹麥改良過的品種繁多，別名「丹麥仙人掌」。英文名為「聖誕仙人掌」。圖為「粉紅金平糖」。

拉塞爾蟹爪蘭 S.russeliana

約在1～3月時會比較晚開花，莖節呈圓形。紫紅色的花會垂下開花，不會像巴克利蟹爪蘭一樣會往上開花。

（巴克利蟹爪蘭的橘花）

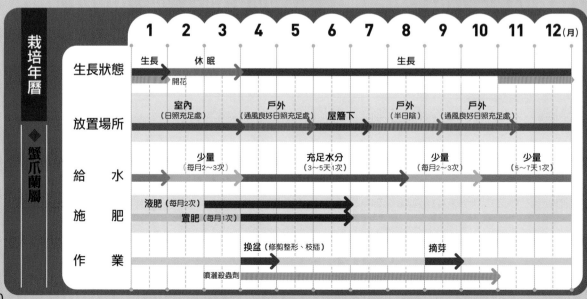

栽培年曆 蟹爪蘭屬		1	2	3	4	5	6	7	8	9	10	11	12 (月)
	生長狀態	生長	休眠						生長				
		開花											
	放置場所	室內（日照充足處）			戶外（通風良好日照充足處）		屋簷下		戶外（半日陰）		戶外（通風良好日照充足處）		
	給　水		少量（每月2～3次）			充足水分（3～5天1次）				少量（每月2～3次）		少量（5～7天1次）	
	施　肥	液肥（每月2次）											
		置肥（每月1次）											
	作　業			換盆（修剪整形、枝插）					摘芽				
			噴灑殺蟲劑										

160

Rhipsalis

絲葦屬

〔仙人掌科〕

約有60個已知種分布在佛羅里達至阿根廷，南美與中美的熱帶地區，像小樹枝般的莖柔軟地攀附生長在熱帶雨林的樹上或岩石上。莖有圓柱狀、角稜狀和扁平葉狀等變化豐富，會長出氣根擴散生長。花約10mm左右，會平行綻放出5片小花瓣的花。有白、奶油及淡粉色等花色。

生育型	根的種類	難易度	原產地
夏型	粗根、細根	＊＊＊＊	中美、南美

黃梅 *R.rhombea*

產自巴西東部。扁平又呈革質的長菱形或長橢圓形的葉片，有圓形的鋸齒狀葉緣。灌木狀又有直立性，會自行重疊下垂。在葉緣會開出直徑約9mm的乳白色小花。

天河 *R.trigona*

三菱形的細長莖節往下垂，可種在吊籃裡觀賞。耐寒又耐熱很好養，但要注意盛夏的陽光直射會導致葉燒。會開出乳白色的花。

青柳
R.cereuscula

直立性植株，但枝節老化後會下垂。主莖會長到10～30cm，但分枝只會長到2cm以下。刺座長有白色硬毛。花是黃白色。

槲寄生仙人掌 *R.cassutha*

如外表看起來像柔軟的觸手，細圓柱狀的莖會分枝並下垂生長，可種在吊籃裡享受植株生長的樂趣。

〈果實〉

絲葦 *R.cassutha*

日本明治年間渡日。淡綠色的圓柱狀莖節分枝並下垂。乳白色小花從側邊開花。花凋謝後結成白色果實。

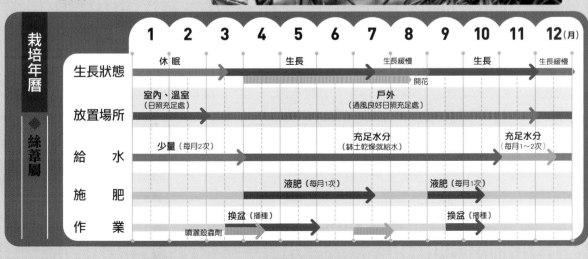

栽培年曆 ◆ 絲葦屬		1	2	3	4	5	6	7	8	9	10	11	12 (月)
	生長狀態	休眠			生長			生長緩慢		生長		生長緩慢	
								開花					
	放置場所	室內、溫室 （日照充足處）					戶外 （通風良好日照充足處）						
	給　水	少量（每月2次）					充足水分 （缽土乾燥就給水）				充足水分 （每月1～2次）		
	施　肥				液肥（每月1次）					液肥（每月1次）			
	作　業			換盆（播種）							換盆（播種）		
			噴灑殺蟲劑										

莖多肉植物 ● 蟹爪蘭屬 ● 絲葦屬

Adenium

沙漠玫瑰屬

〔夾竹桃科〕

約有15種大型塊莖植物的同伴生長在阿拉伯、肯亞和西南非等地。

底部呈酒器狀的特殊圓胖形狀具有魅力，易分枝，在枝節前端會開出紅色或粉紅色的美麗花朵。

熱帶性植物不耐寒，冬天需放在日照充足的室內，並斷水維持10℃以上的溫度管理。可利用枝插繁殖，但利用枝插不會讓根部肥大，所以常用播種法。

生育型	根的種類	難易度	原產地
夏型	粗根	＊＊＊＊	阿拉伯半島、非洲

（天寶花的花）花的前端會分成五裂，基部呈筒狀。

天寶花
A.obesum

暱稱「沙漠玫瑰」的人氣種。呈現酒器狀及球狀的厚實莖幹從地上長出，莖的上半部長出堅固且有光澤的深綠色葉片。

Good Night A.'Good Night'

泰國改良過的品種。會開出帶點黑色的紅色重瓣花（圖為販售時的模樣）。

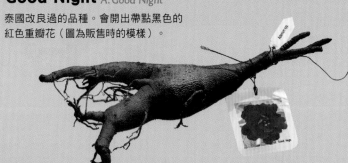

富貴花 A.arabicum

泰國改良過的品種，枝幹往橫向發展。枝幹的前端像盆栽一樣分枝，花和樹形都很有特色。

〈冬之姿〉溫度一低就會掉葉。

栽培年曆

◆ 沙漠玫瑰屬

	1	2	3	4	5	6	7	8	9	10	11	12(月)
生長狀態	休眠					生長					生長緩慢	
						開花						
放置場所	室內 （日照充足的窗邊）				戶外 （通風良好日照充足處）							
給　水	（逐漸減少，等葉片全掉光後再斷水）斷水			少量 （※）	充足水分 （缽土乾燥就給水）						少量	
施　肥							液肥 ※每月1次					
作　業				換盆（修剪、播種）			換盆（修剪）					
	噴灑殺蟲劑											

※開始長出菜片後慢慢開始給水

Pachypodium

棒錘樹屬

〔夾竹桃科〕

屬別為「粗足」之意。多肉性又肥厚的莖是其特徵，是塊莖植物代表性的存在。因為獨特的形狀以及從春天到夏天都會綻放美麗花朵，都是它受歡迎的原因。多肉質的莖被刺覆蓋，莖生長形成柱狀的大型植株，或是長成圓形，有各式各樣的形狀。春天長出葉片開花，冬天落葉形成一個循環，一整年可享受季節變化的樂趣。喜好高溫，冬天的最低溫度至少要維持在15℃。若是低於此溫度則要進行斷水。

（tackyi×惠比壽笑）
橘色的花。

生育型	根的種類	難易度	原產地
夏型	粗根	✼✼✼✼	馬達加斯加、非洲

畢之比
P.bispinosum

褐色的粗塊莖上長了數枝小葉片。枝節分枝呈放射狀，冬季會落葉進入休眠。枝上會長一對刺，粉紅色鐘形花的花瓣呈平開狀，會陸續綻放。

densiflourm
P.densiflorum

別名「席巴女王玉櫛」。灰綠色的粗短莖上，長出有細葉的枝節約30cm高。刺很顯眼，但也會隨著植株生長而掉落。

短萼女王玉櫛
P.densiflorum var. brevicalyx

低矮的樹形植株是其特徵。扁平的塊根中長出多數帶有細長葉片的短枝。日照不足會使枝節徒長，樹形會顯雜亂。葉中會長出花莖開出黃花。

4

多肉植物圖鑑

塊莖多肉植物 ● 沙漠玫瑰屬 ● 棒錘樹屬

惠比須大黑
P.densicaule

是「席巴女王玉櫛」和「惠比須笑」的交配種。強健的多肉較易栽種。承接「惠比須笑」的性質而廣受歡迎。

（惠比須大黑）
底部肥厚的幼株。

惠比須笑　P.brevicaule

淡褐色又帶點銀灰色，呈現寬扁狀的塊莖，有短小的枝葉。會開出鮮豔的檸檬黃小花，早春至春季會開花。

象牙宮
P.rosulatum var. gracilius

羅斯拉的變種。胴體又圓又胖，還是小株時長滿了刺，長大後會只剩前端的刺留下，變成光滑的木肌。

天馬空
P.succulentum
別名「友玉」。會從肥大的紡錘形塊莖分枝出茂盛的枝節。夏末秋初會從帶白桃色的淡紅色細花筒裡開出小朵花。

筒蝶青
P.horombense
銀白色的美麗外皮上長有白刺，開出淡黃色的釣鐘狀花是其特徵，成木會長高至1m左右。

〈花〉

非洲霸王樹
P.lamerei
銀白色粗棍棒狀的莖上，長著帶有短刺的亮綠色細長葉片。生長期即使碰到雨，也較其他植株健壯。初夏時會開白色的花。

光堂
P.namaquanum
圓柱狀的莖幹長5cm，上面長滿了針狀刺，莖幹前端會長出10cm左右的葉片。葉緣呈波浪狀，兩面有細毛覆蓋。

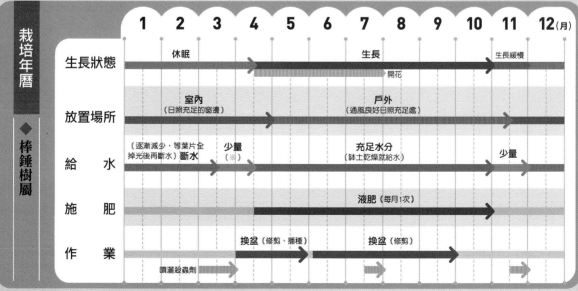

栽培年曆 ◆ 棒錘樹屬		1	2	3	4	5	6	7	8	9	10	11	12 (月)
	生長狀態		休眠					生長				生長緩慢	
						開花							
	放置場所		室內 (日照充足的窗邊)				戶外 (通風良好日照充足處)						
	給　水	(逐漸減少，等葉片全掉光後再斷水) 斷水		少量 (※)			充足水分 (缽土乾燥就給水)					少量	
	施　肥					液肥 (每月1次)							
	作　業			換盆 (修剪、播種)			換盆 (修剪)						
		噴灑殺蟲劑											

※葉片開始生長就慢慢開始給水

4

多肉植物圖鑑

塊莖多肉植物 ● 棒錘樹屬

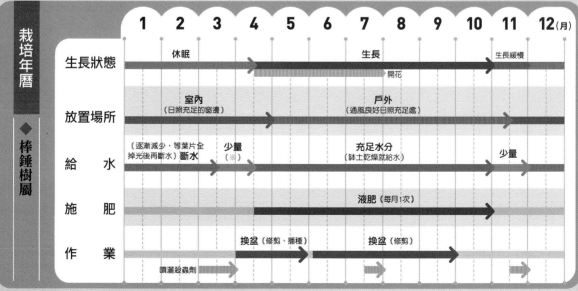

165

〈花〉

花序長2cm左右，開粉紅色的花。

Euphorbia

大戟屬

〔大戟科〕

大戟屬的植物中有幾種主要是塊根性種，被當作是塊莖植物來栽培。然而被當作跟大戟屬有近緣關係的翡翠塔屬約有25種，目前都被納入大戟屬內，但還是很常以翡翠塔屬流通於市面上。

翡翠塔屬內也有塊根性品種，也被當作塊莖植物來栽培，圓筒狀的莖上有疣粒和稜，呈直立或匍匐生長。原產地主要在中非附近，不耐寒，所以冬天需放在溫暖的室內管理。

生育型	根的種類	難易度	原產地
夏型	細根	＊＊＊＊	主要在非洲、馬達加斯加島

人參大戟

E. (Monadenium) montanum
var. rubellum

montanum的變種。健壯的小型種用枝插很容易繁殖。從塊根長出1～3枝細莖，長著線狀披針形的葉片。

〈塊根〉

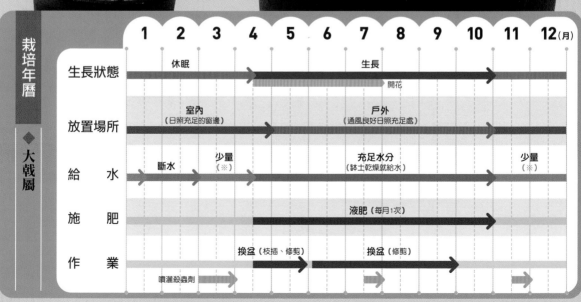

栽培年曆	大戟屬		1	2	3	4	5	6	7	8	9	10	11	12 (月)
		生長狀態	休眠						生長					
							開花							
		放置場所	室內（日照充足的窗邊）					戶外（通風良好日照充足處）						
		給　水	斷水		少量（※）		充足水分（缺土乾燥就給水）						少量（※）	
		施　肥				液肥（每月1次）								
		作　業			換盆（枝插、修剪）		換盆（修剪）							
			噴灑殺蟲劑											

※逐漸減少，葉片全都掉落後就斷水

麻瘋樹屬 〔大戟科〕

一般會長出大如掌狀的葉片，有損傷時會流出乳白色汁液。許多品種含有生物鹼，但還是會被當作藥用，或是從塊根取出澱粉來食用。被當作多肉植物來種植的麻瘋樹屬的莖，呈現肥大的塊狀，塊莖植物品種，莖太粗無法利用枝插繁殖，只能用實生繁殖。溫暖期為生長期，夏天可放在戶外栽培，植株不耐寒，冬季需放置室內，維持8℃以上的溫度。

生育型	根的種類	難易度	原產地
夏型	粗根	＊＊＊＊	中非等地

珊瑚油桐　J.podagrica

莖幹底部呈圓胖的酒器狀，最大可養到約1m高。花與長葉柄為鮮豔的紅色，看起來很像珊瑚。夏季至晚秋會開朱紅色的花。自家受精的植株，實生繁殖。

〈花〉

栽培年曆　◆麻瘋樹屬

	1	2	3	4	5	6	7	8	9	10	11	12 (月)
生長狀態		休眠					生長				生長緩慢	
							開花					
放置場所		室內（日照充足的窗邊）					戶外（通風良好日照充足處）					
給水	（漸漸減少，等葉片全掉光就斷水）斷水		少量（※）				充足水分（缽土乾燥就給水）				少量	
施肥							液肥（每月1次）					
作業	噴灑殺蟲劑			換盆（修剪、播種）			換盆（修剪）					

※葉片要開始長出時開始慢慢給水

葉下珠屬 〔大戟科〕

有600種分布在溫熱帶地區。屬名為希臘語的phyllon（葉）＋anthos（花）之意，會從葉狀的枝節前端開花。

生育型	根的種類	難易度	原產地
夏型	粗根	＊＊＊＊	亞洲熱帶地區等地

奇異油桐　P.mirabilis

塊根會從底部膨脹，往橫向放射狀發展的葉片有白天綻放，晚上閉合的特質。葉片在冬季會掉落並進入休眠。

167

絲蘭屬

Yucca　　　　　　　　　　　　　　〔天門冬科〕

約有60種分布在北美至中央及南部地區。從高幾公尺以上到1m的植株都有，常被當作庭園樹木種植，晚上會開出散發香味的花。花為鐘形，會開出很像鈴蘭的大白花，結成數個圓錐形花序。厚實又帶點藍色的劍狀葉片，在莖幹上半部群聚生長。

生育型	根的種類	難易度	原產地
夏型	粗根	✱✱✱✱	北～中美

喙絲蘭　　Y.rostrata

產自德州南部～墨西哥。灰青色的葉片呈放射狀生長，葉片枯萎後的莖幹也很有魅力。耐寒性強，可種植在庭院。

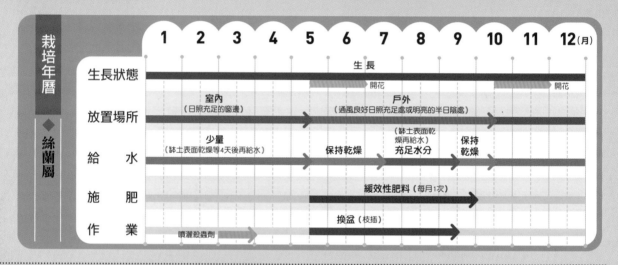

栽培年曆　絲蘭屬

	1	2	3	4	5	6	7	8	9	10	11	12 (月)
生長狀態						生長						
					開花						開花	
放置場所	室內（日照充足的窗邊）				戶外（通風良好日照充足處或明亮的半日陰處）							
給水	少量（缽土表面乾燥等4天後再給水）				保持乾燥		（缽土表面乾燥再給水）充足水分		保持乾燥			
施肥					緩效性肥料（每月1次）							
作業	噴灑殺蟲劑				換盆（枝插）							

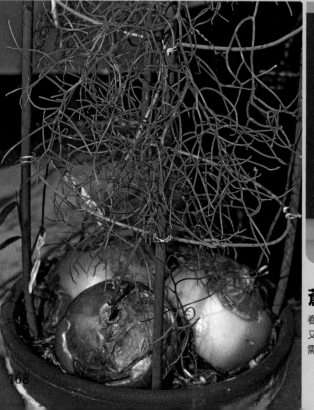

蒼角殿屬

Bowiea　　　　　　　　　　　　　〔天門冬科〕

長在地上的莖長得像洋蔥形狀的球根植物約有2個已知種產自於南非。明治時期末被取為「玉蔓草」，現在則被改名為「蒼角殿」。生長期會從扁球形的球根（麟莖）頂部長出像藤蔓的枝節，並開出不明顯的淡綠白色小花。依照不同種類有分春秋型和冬型種。球根不埋進土裡，露出2/3在表面栽種，生長期需給予充足的水分，肥培會使球根長大。

生育型	根的種類	難易度	原產地
春秋、冬型	粗根	✱✱✱✱	南非

蒼角殿　　B. volubilis

春秋型。綠色的麟莖直徑約6～7cm。長出又細又長的莖。莖遇到高溫會黃變並休眠，需要斷水渡夏。

綠色不顯眼的花。

〈花〉

〈花〉

長得像太陽形狀的花，自行
受精的花在凋謝時會從中心
部長出許多種子。

Dorstenia

琉桑屬

〔桑科〕

主要分布於非洲熱帶、阿拉伯半島和辛巴威等地的小型植物。葉片非多肉性，但根莖和地上莖肥厚，而被當作多肉植物栽培。葉片呈互生，會發根，會從葉腋長出枝柄，開出沒有花瓣不顯眼的小花，從花床上長出許多平坦生長且呈星形或圓形的花。

生育型	根的種類	難易度	原產地
夏型	細根	＊＊＊＊	南非

臭桑　*D.foetida*

5～10cm高的塊莖，即使用枝插也看不出塊莖的樣子。長橢圓狀披針形的葉片。花朵會從圓形的花床裡綻放。

塊莖多肉植物 ● 絲蘭屬 ● 蒼角殿屬 ● 琉桑屬

栽培年曆

◆ 琉桑屬

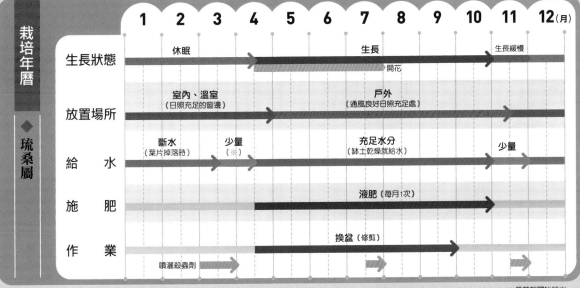

	1	2	3	4	5	6	7	8	9	10	11	12 (月)
生長狀態		休眠					生長				生長緩慢	
					開花							
放置場所		室內、溫室 （日照充足的窗邊）					戶外 （通風良好日照充足處）					
給　水		斷水 （葉片掉落時）	少量 （※）				充足水分 （缽土乾燥就給水）				少量	
施　肥							液肥（每月1次）					
作　業							換盆（修剪）					
	噴灑殺蟲劑											

※長葉就開始給水

（herrei「龍骨城」）
春天會開白花。

龍骨葵（多蕊老鸛草）屬

〔牻牛兒苗科〕

約30種分布在美國至印度等地。舊屬名Sarcocaulon現在也隸屬於龍骨葵屬之內。肉質的莖幹被硬皮覆蓋呈低木狀，生長速度十分緩慢。在涼爽期生長，春夏會落葉進入休眠。不喜悶熱，夏季要儘量保持涼爽。維持乾燥，儘量讓夜間的溫度降溫管理。

生育型	根的種類	難易度	原產地
冬型	細根	＊＊＊＊	南非

魚骨城

M.pattersonii

灰褐色的外皮有光澤又光滑。會開出美麗粉紅色花的小型低木，少刺，會長出鮮綠色的小葉片。

〈冬幹〉涼爽期會開出茂盛的倒卵形葉片。

格思龍骨葵

M.crassicaulis

夏季休眠，在秋天開始生長的冬型種塊莖植物之中植株較為健壯。會開出有如紙花般表面薄如紙的花瓣的白花，還有被光滑且又硬又厚的外皮覆蓋的金黃色莖幹。

herrei
M.herrei

別名「龍骨城」。枝節呈水平分枝生長，會長出細小又分裂的葉片。葉柄不會脫落，會留在枝節上變成尖刺狀。開花時節會開白色的花。

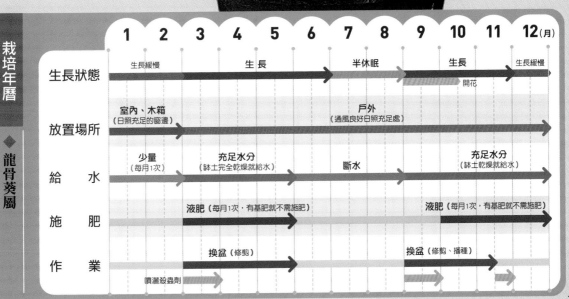

黑羅莎
M.multifidum

別名「黑皮月界」。無毛無刺的莖，水平長出指狀的枝。淡綠色細小分裂的葉片長在莖的上半部。

栽培年曆 ◆ 龍骨葵屬		1	2	3	4	5	6	7	8	9	10	11	12 (月)
	生長狀態	生長緩慢			生長			半休眠		生長			生長緩慢
											開花		
	放置場所	室內、木箱 （日照充足的窗邊）						戶外 （通風良好日照充足處）					
	給水	少量 （每月1次）		充足水分 （缽土完全乾燥就給水）				斷水			充足水分 （缽土乾燥就給水）		
	施肥			液肥（每月1次，有基肥就不需施肥）							液肥（每月1次，有基肥就不需施肥）		
	作業			換盆（修剪）						換盆（修剪、播種）			
		噴灑殺蟲劑											

Pelargonium
天竺葵屬

〔牻牛兒苗科〕

一般都被當作草花的天竺葵屬，約有30個已知種是被當作多肉植物栽培。有莖幹肥大的種類也有長刺的種類。涼爽期會長葉，夏季會落葉且進入休眠。一整年都需要放在日照充足處管理，生長期等缽土乾燥後就要給予充足水分。冬季需放在不會結霜不會吹到寒風的室內，最低溫要維持在5℃。

生育型	根的種類	難易度	原產地
冬型	細根	＊＊＊＊	南非

桃蝶木　P.tetragonum

從底部開始分枝，長有幾片像藤蔓般的小葉片。上側會開出有紫褐色條斑的大片花瓣的美麗花朵。

青羅摩佛　P.carnosum

別名「枯野葵」。莖幹表面光滑，枝節前端長出長葉柄，並開出青磁色的葉片。由於莖幹太粗無法枝插，要用實生繁殖。

香葉天竺葵
P.incrassatum

原產自南非。茶色的皮包覆住直徑2cm的塊莖，葉片在夏季的乾燥期會枯萎。長長的花柄前端集中開滿了桃紅色的花朵。花的上側2片較大，下側3片較小。

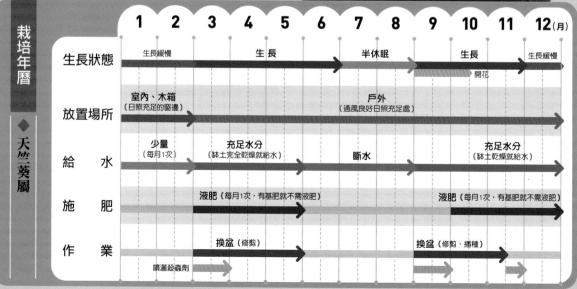

栽培年曆　◆天竺葵屬

	1	2	3	4	5	6	7	8	9	10	11	12 (月)
生長狀態	生長緩慢		生 長				半休眠		生 長			生長緩慢
									開花			
放置場所	室內、木箱（日照充足的窗邊）				戶外（通風良好日照充足處）							
給　水	少量（每月1次）		充足水分（缽土完全乾燥就給水）				斷水			充足水分（缽土乾燥就給水）		
施　肥			液肥（每月1次，有基肥就不需液肥）							液肥（每月1次，有基肥就不需液肥）		
作　業			換盆（修剪）						換盆（修剪、播種）			
	噴灑殺蟲劑											

番薯屬

Ipomoea

〔旋花科〕

大多屬於攀藤性與匍匐性的草本植物。葉薄，在溫度高的生長期會長得很茂盛，夏季可以放在戶外栽培。會開出長得很像牽牛花的喇叭狀花朵，若日照不足會使花芽掉落，長出新芽時記得要照射到充足的陽光。冬季則放室內光亮處，少量給水並儘量維持在15℃以上。

生育型	根的種類	難易度	原產地
夏型	細根	＊＊＊＊	南非、納米比亞

何露牽牛

I.holubii

產自南非。球形的塊根為淡橙色，直徑約15cm。生長至10cm左右的莖底部，會在初夏開出像牽牛花的粉紅色花朵。

布魯牽牛

I.bolusiana

圓形塊根的形狀是很受歡迎的塊莖植物。春天會從塊根長出藤蔓般的莖，會開出許多很像牽牛花的粉紅色花朵。

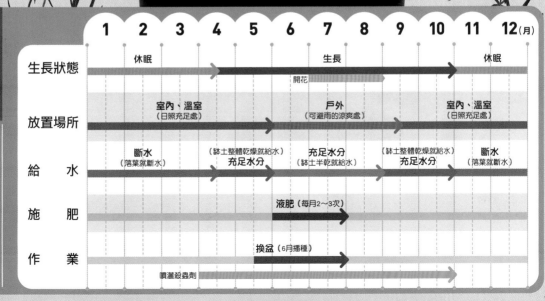

栽培年曆 ◆ 番薯屬

	1	2	3	4	5	6	7	8	9	10	11	12 (月)
生長狀態		休眠					生長				休眠	
					開花							
放置場所		室內、溫室 (日照充足處)				戶外 (可避雨的涼爽處)				室內、溫室 (日照充足處)		
給　水		斷水 (落葉就斷水)		(缽土整體乾燥就給水) 充足水分			充足水分 (缽土半乾就給水)		(缽土整體乾燥就給水) 充足水分		斷水 (落葉就斷水)	
施　肥							液肥 (每月2～3次)					
作　業						換盆 (6月播種)						
		噴灑殺蟲劑										

173

蒴蓮屬
Adenia 〔西番蓮科〕

攀藤性植物，莖幹像番薯，呈現厚實的多肉質壺形或不規則形的球狀塊根植物，葉腋主要會開出黃花。枝節上的葉片非多肉質。塊莖的地下莖很大，需要大一點的盆器栽種，要放在日照充足處管理，但直射陽光會造成曬傷，盛夏時需遮光。生長中缽土乾燥時需給予適當的水分，冬季進入休眠期需保持乾燥，並維持在5℃以上。

生育型	根的種類	難易度	原產地
春秋型	細根	＊＊＊＊	南非、馬達加斯加

（徐福酒甕的塊根）
鮮綠色的酒器狀。

（徐福酒甕的花）
從葉腋開出許多奶油色的花。

異葉蒴蓮
A.heterophylla

很大的塊根是其特徵。春天長出新芽，會呈藤蔓狀越長越長的夏型植物。

徐福酒甕
A.glauca

長得像酒器形的綠色塊根是其特徵。有攀藤性的枝節上長著裂開的葉片，下垂的模樣也有另外的名稱叫「幻蝶蔓」。

（徐福酒甕的植株）一般流通在市面上的樣子。

Sinningia

岩桐屬

〔苦苣苔科〕

一般被當作觀葉植物來栽種，但有大塊莖的斷崖女王則是很受歡迎的多肉植物。整體被銀白色絨毛覆蓋，看起來就像銀灰色。長有倒卵形的大葉片，從葉腋和莖頂部長出花柄，開出筒形橘紅色的花。花筒上也長有白毛。地上部在冬季休眠期會枯萎，春天時剩下的塊莖會長出新芽。不喜極度乾燥和強光，生長期要放在通風良好的半日陰處，要趁土壤乾燥前及時給水。

生育型	根的種類	難易度	原產地
夏型	細根＋粗根	＊＊＊＊	中南美

斷崖女王
S.leucotricha

莖和倒卵形的葉片會被銀白絨毛覆蓋，整體看起來像銀灰色，而有「Brazilian edelweiss」的英文名稱。葉腋和莖頂部會長出莖莖，並開出橘紅色的花。花也長有白毛，塊莖越大，價格越貴。

4

多肉植物圖鑑

塊莖多肉植物 ● 蒴蓮屬 ● 岩桐屬

栽培年曆 ◆ 蒴蓮屬

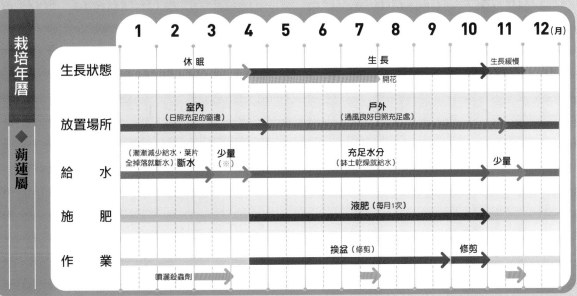

	1	2	3	4	5	6	7	8	9	10	11	12 (月)
生長狀態		休眠					生長 開花				生長緩慢	
放置場所		室內（日照充足的窗邊）				戶外（通風良好日照充足處）						
給水	（漸漸減少給水，葉片全掉落就斷水）斷水		少量（※）			充足水分（缽土乾燥就給水）					少量	
施肥						液肥（每月1次）						
作業					換盆（修剪）					修剪		
	噴灑殺蟲劑											

※開始長出葉片後就慢慢開始給水

栽培年曆 ◆ 岩桐屬

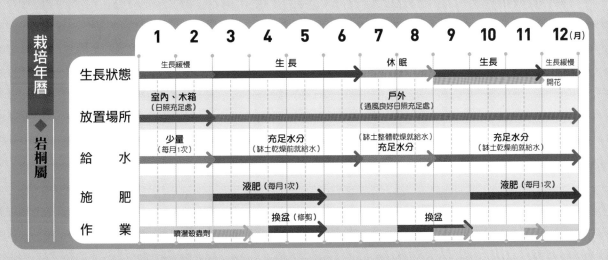

	1	2	3	4	5	6	7	8	9	10	11	12 (月)
生長狀態	生長緩慢			生長			休眠			生長		生長緩慢 開花
放置場所	室內、木箱（日照充足處）				戶外（通風良好日照充足處）							
給水	少量（每月1次）			充足水分（缽土乾燥前就給水）			充足水分（缽土整體乾燥就給水）			充足水分（缽土乾燥前就給水）		
施肥			液肥（每月1次）							液肥（每月1次）		
作業			換盆（修剪）					換盆				
	噴灑殺蟲劑											

175

薯蕷屬

Dioscorea

〔薯蕷科〕

有4個已知種的多肉植物。地下部的塊根會露出種植可供觀賞。呈木栓狀的地上部的芋頭長出的莖會攀藤，立支柱尤佳。

有分夏型與冬型種，產自墨西哥的為夏型種，秋天會落葉並開始進入休眠，直到晚春都要少量給水，冬天維持在5℃以上。產自非洲的是冬型種，秋天至春天會長出葉片進入生長期，晚春至夏季會落葉進入休眠，要少量給水。冬天維持5℃以上並適時給水。

（龜甲龍的塊根）

生育型	根的種類	難易度	原產地
夏、冬型	細根＋粗根	＊＊＊＊	南非、墨西哥

墨西哥龜甲龍

D.macrostachya

產自墨西哥。塊根比「龜甲龍」還要大及扁平。葉片為長三角形。生長期在夏天，秋天會落葉進入休眠。圖為和景天屬一同栽種的墨西哥龜甲龍。

龜甲龍 *D.elephantipes*

長得像龜甲般的突起呈半球狀的塊根。攀藤性的枝節上長出愛心形有光澤的葉片。夏季落葉休眠。塊根呈木栓質的龜甲狀分裂。

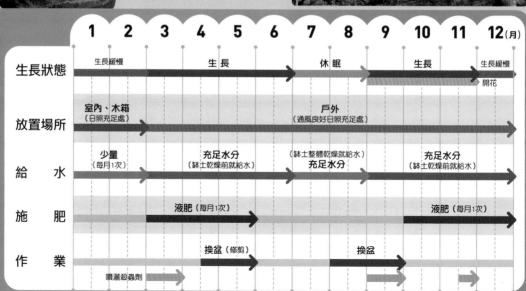

栽培年曆　◆薯蕷屬

	1	2	3	4	5	6	7	8	9	10	11	12 (月)
生長狀態	生長緩慢			生長			休眠			生長		生長緩慢
												開花
放置場所	室內、木箱（日照充足處）					戶外（通風良好日照充足處）						
給水	少量（每月1次）			充足水分（缽土乾燥前就給水）			充足水分（缽土整體乾燥就給水）			充足水分（缽土乾燥前就給水）		
施肥			液肥（每月1次）							液肥（每月1次）		
作業			換盆（修剪）				換盆					
	噴灑殺蟲劑											

〈花〉

（靭錦的花）只會在下午開2～3小時的花。

回歡草屬

〔馬齒莧科〕

在Anacampseros屬中，自生在降雨量少的地區，近年以「回歡草屬」獨立出來。枝節長有又白又薄如鱗片狀的外皮，看起來就像是被乳白色的鱗片包覆住。

是冬型種的多肉植物，冬季不需斷水但要注意不可讓土壤凍傷，梅雨季至盛夏時期需放在遮光通風良好的場所休眠。花開得很美的靭錦種，即使在休眠的夏季，每個月至少都要適度澆一次水並讓土壤保持濕潤，花才會開得美。

生育型	根的種類	難易度	原產地
冬型	細根、粗根、塊根	＊＊＊＊	南非、納米比亞

紅花靭錦

A.quinaria ssp. quinaria

或稱「靭錦」。塊根狀，上半部有扁平的塊莖，長著覆有銀鱗的葉片，從植株裡長出的花莖前端會開出桃紅色類似梅花形狀的小花。

4

多肉植物圖鑑

塊莖多肉植物 ● 薯蕷屬 ● 回歡草屬

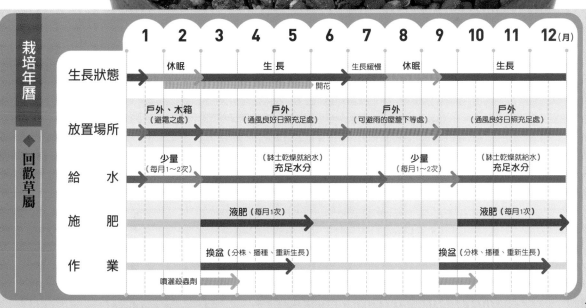

栽培年曆 ◆ 回歡草屬

	1	2	3	4	5	6	7	8	9	10	11	12 (月)
生長狀態		休眠		生 長			生長緩慢	休眠			生長	
					開花							
放置場所	戶外、木箱 (避霜之處)		戶外 (通風良好日照充足處)			戶外 (可避雨的屋簷下等處)			戶外 (通風良好日照充足處)			
給　水	少量 (每月1～2次)		（缽土乾燥就給水） 充足水分					少量 (每月1～2次)		（缽土乾燥就給水） 充足水分		
施　肥			液肥 (每月1次)							液肥 (每月1次)		
作　業			換盆 (分株、播種、重新生長)							換盆 (分株、播種、重新生長)		
	噴灑殺蟲劑											

177

Haemanthus
虎耳蘭屬
〔石蒜科〕

有鱗莖的球根植物，約有60種分布在非洲熱帶至南非等地。粗花莖的前端會開出紅、白、粉紅色的花。分成葉身薄且中央葉脈又很明顯的葉片種類，以及葉片厚但沒有中央葉脈的葉片種類。也有分成夏季休眠的冬型種，和冬季休眠夏季生長的夏型種，要注意給水和換盆的時期不能搞錯。

生育型	根的種類	難易度	原產地
冬、夏型	粗根	＊＊＊＊	非洲熱帶、南非

眉刷毛萬年青 H.albiflos

最普及的夏型種。球根徑為7～8cm。綠色葉片厚實無毛且常綠。短花莖上的白色小花呈散形花序生長。

網球花
H.multiflorus

夏型種，初夏時葉片尚未生長前會開出線狀的球狀紅花。因花的姿態而有「線香花火」之名。

紅花眉刷毛萬年青
H.coccineus

冬型種。9月花莖會生長，像蠟燭般的花苞內包著密集的紅色小花。開花後會長出2片又寬又大的葉片。

栽培年曆

◆ 虎耳蘭（夏型種與冬型種）

		1	2	3	4	5	6	7	8	9	10	11	12(月)
生長狀態	夏型種		休眠				生長					休眠	
										開花			
	冬型種		生長				休眠				生長		
											開花		
放置場所	夏型種	室內、溫室（※日照充足處）			戶外（通風良好日照充足處）			戶外（通風良好半日陰處）			室內、溫室		
	冬型種	室內、溫室（※日照充足處）			戶外（通風良好的屋簷下、日照充足處）			戶外（通風良好半日陰處）					
給水	夏型種		斷水				充足水分（缽土乾燥一半時就給水）					斷水	
	冬型種	充足水分（缽土乾燥一半時就給水）					斷水				充足水分（缽土乾燥一半時就給水）		
施肥	夏型種					液肥（每月2次）							
	冬型種										液肥（每月2次）		
作業	夏型種			分球、播種									
			換盆（重種）										
		噴灑殺蟲劑											
	冬型種								分球、播種				
								換盆（重種）					
			噴灑殺蟲劑					噴灑殺蟲劑					

※維持5℃以上

〈花〉

哨兵花屬

〔天門冬科〕

約有130種分布於阿拉伯及非洲。冬季生長夏季落葉休眠。會長出捲曲狀的葉片，重點要放置在通風良好並曬得到強烈陽光的地方，放在室內葉片會無法捲曲。夏季少量給水，秋天葉片生長時就開始給水。冬季則是要放在非0℃以下日照充足的戶外管理。

生育型	根的種類	難易度	原產地
冬、春秋型	細根	＊＊＊＊	阿拉伯半島、南非

（加拿大哨兵花）
黃色的花披片上有綠色條紋，朝下綻放。

加拿大哨兵花
A.canadensis

產自南非。葉會長根，葉緣往內側彎曲呈半圓筒狀，前端微彎的長花莖朝上生長並開花。

螺旋草
A.spiralis

〈花〉

天生自然捲的葉片非常獨特，是很受歡迎的品種。若沒在強光下栽培，葉片會無法捲曲。長花莖會朝下生長並開花。

哨兵花
A.humilis

草高10〜15cm，寬5〜15cm的半常綠品種，球根即使露在土壤上也會自然生長。春天會開出往上生長有芳香的花。

〈花〉

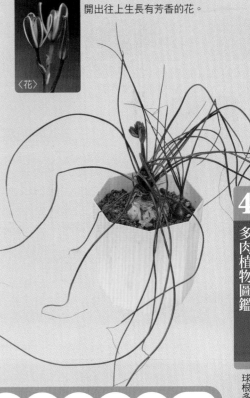

4

多肉植物圖鑑

球根多肉植物●虎耳蘭屬●哨兵花屬

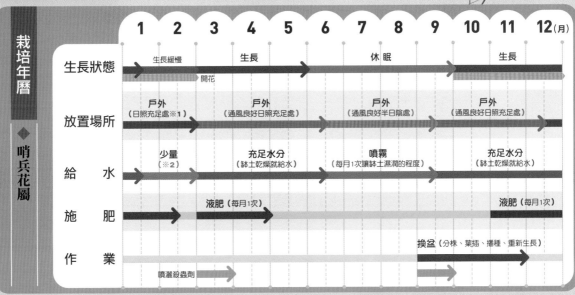

栽培年曆 哨兵花屬		1	2	3	4	5	6	7	8	9	10	11	12 (月)
	生長狀態	生長緩慢			生長			休眠				生長	
			開花										
	放置場所	戶外(日照充足處※1)			戶外(通風良好日照充足處)			戶外(通風良好半日陰處)			戶外(通風良好日照充足處)		
	給水	少量(※2)			充足水分(缽土乾燥就給水)			噴霧(每月1次讓缽土濕潤的程度)			充足水分(缽土乾燥就給水)		
	施肥			液肥(每月1次)							液肥(每月1次)		
	作業									換盆(分株、葉插、播種、重新生長)			
		噴灑殺蟲劑											

※1 需要避霜，不要低於0℃以下。　※2 缽土乾燥等幾天後再給水

179

Ledebouria

Ledebouria 屬

〔天門冬科〕

和綿棗兒屬很相近的小型球根植物,現在油點百合屬和魚鱗百合屬都已隸屬於此屬別內。以山野草流通於市面上。葉片有許多形狀,有多數白綠色的小花呈穗狀綻放。一整年都要放在日照充足通風良好的地方栽培,冬季則要放進室內,落葉後就要斷水。

生育型	根的種類	難易度	原產地
夏型	細根	＊＊＊＊	南非、印度

油點百合
L.socialis

別名「豹紋」。露出的球根上長滿了小球。披針形的葉片表面是灰綠色的底配上綠色斑紋,背面是紫紅色。帶有白色花緣的綠色小花會朝下綻放。

日本蘭花草 L.cooperi

別名「縞蔓穗」。草高10～15cm。窄橢圓形的葉片上有直條紋,且會開出桃紅色的鐘形小花,冬天會落葉。

〈花〉

短花序朝下開花生長。

闊葉油點百合
L.(Drimiopsis)maculata
f.variegata

帶有深褐色的球狀鱗莖長出數枚葉片與花莖,花莖前端會開出綠白色的花。葉片呈長卵形,上面有圓狀的斑點。

豹紋錦
L.socialis f. variegata

「豹紋」的錦斑種,葉緣與葉背呈紫紅色,尤其美麗。小型釣鐘形的花會呈穗狀綻放。

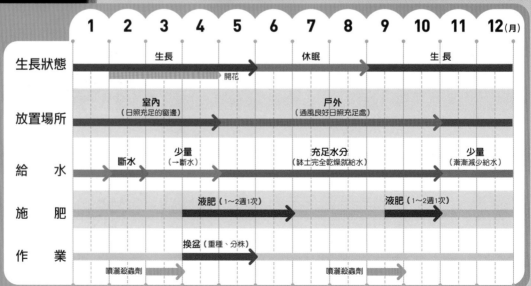

栽培年曆 ◆ Ledebouria 屬

	1	2	3	4	5	6	7	8	9	10	11	12 (月)
生長狀態			生長				休眠			生長		
				開花								
放置場所		室內(日照充足的窗邊)				戶外(通風良好日照充足處)						
給水		斷水	少量(→斷水)			充足水分(缽土完全乾燥就給水)					少量(漸漸減少給水)	
施肥					液肥(1～2週1次)				液肥(1～2週1次)			
作業				換盆(重種、分株)								
	噴灑殺蟲劑						噴灑殺蟲劑					

180

Ornithogalum

虎眼萬年青屬

〔天門冬科〕

約100種分布於歐洲、非洲和西亞等地的球根植物。球根呈卵形、扁球形和洋梨形，生的含有毒性，食荒時可烤來食用。屬名為希臘語的「鳥」與「乳」之意，這種屬別的植物會開出乳白色的花為名字由來。葉片全都會長根，秋天長葉時就要開始給水。

生育型	根的種類	難易度	原產地
冬型	細根	＊＊＊＊	非洲等地

〈花〉

虎眼萬年青　O.caudatum

產自於南非。別名「假海蔥」。球根露出種植會長出許多子球。春天時長花莖會長出許多白花呈密生狀。

（虎眼萬年青）白花徑為2.5cm，長出50朵呈密生狀。

栽培年曆　◆　虎眼萬年青屬

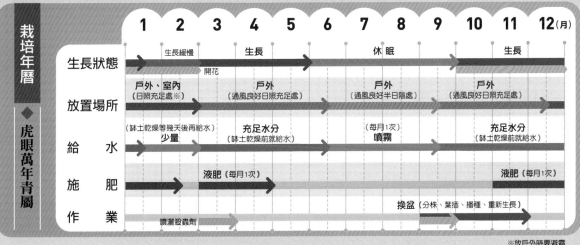

	1	2	3	4	5	6	7	8	9	10	11	12 (月)
生長狀態		生長緩慢		生長			休眠				生長	
		開花										
放置場所	戶外、室內（日照充足處※）			戶外（通風良好日照充足處）			戶外（通風良好半日陰處）			戶外（通風良好日照充足處）		
給水	少量（缽土乾燥等幾天後再給水）			充足水分（缽土乾燥前就給水）			噴霧（每月1次）			充足水分（缽土乾燥前就給水）		
施肥			液肥（每月1次）								液肥（每月1次）	
作業		噴灑殺蟲劑						換盆（分株、葉插、播種、重新生長）				

※放戶外時要避霜

4

多肉植物圖鑑

球根多肉植物●Ledebouria屬●酢漿草屬●虎眼萬年青屬

Oxalis

酢漿草屬

〔酢漿草科〕

一般被稱為酢漿草，會開出美麗花朵的球根植物，產自美國中部至南部和南非等地。一般會長出像幸運草一樣的3枚小葉片，也有一些品種會長出4枚葉片或分裂成如掌狀像傘一般展開的樣子。葉片有綠、紫紅和銀白色等顏色，葉片的形狀也很美麗。花朵一般會在陽光照射下開花，陰天和雨天會闔起。生長期需放在日照充足的場所養育，休眠中則要保持乾燥。

棕櫚酢漿草　O.palmifrons

別名「孔雀之舞」。掌狀葉沿著地面擴散生長呈圓狀形，天冷時就會轉成紫褐色。夏季落葉後會留下土內的球根進入休眠期。

生育型	根的種類	難易度	原產地
冬、夏型	細根、粗根	＊＊＊＊	南美、秘魯、南非

用語解說

疣粒
◆或稱之為瘤。在仙人掌球狀表面隆起的稜的頂端，會變形成疣粒。

芋頭
◆塊莖植物（codex）的根部肥厚又富含水分，在日本常暱稱這種耐乾又耐熱的多肉為芋頭。

忌地
◆曾經栽培植物的土若持續種植同科屬的植物，根部會腐爛枯萎導致無法再培育，必須要換新土。

營養器官繁殖
◆植物無性繁殖的方法之一。枝插或分株時，利用葉、莖根等植株的一部分進行繁殖的方法。也可稱複製繁殖。

腋生
◆從莖或枝條的腋窩生長之意。

子株
◆把群生的子球或是分枝剪下來的植株。

化成肥料
◆化學肥料中的氮、磷酸、鉀其中2項混合而成顆粒狀的肥料。外包裝會清楚標示成分比，可依需求使用。

叢生
◆至少有3棵以上的植株聚在一起生長的狀態。

分株
◆是繁殖法的一種，將長大的植株分成數枝。也具有讓植株回復年輕的效果。

緩效性肥料
◆緩慢釋放出營養的肥料。

氣根
◆從地上的莖和枝幹長出曝露在空氣中的根。通常有固定植物、吸收空氣中的養分及水分的作用。

木立性
◆莖有如樹幹般粗壯，且能和樹木一樣直立。

休眠
◆在不適合生長的環境下，植物會暫時停止生長。

鋸齒
◆有些植株的葉緣會呈現刺刺尖尖的鋸齒狀，大部分都長在葉子的前端。

修剪整形
◆生長過長的枝幹或莖節，可從根部或是中段修剪整形。可讓底部健康的枝幹或莖節繼續往上生長，花朵數會增加，可再次看到植株開花。

塊莖植物
◆根莖肥大呈現塊莖狀的植物就稱為「塊莖植物」。因外觀特殊，世界各地有不少愛好者。

硬葉系
◆原產地南非的十二卷屬中，葉片較硬呈條狀的多肉，園藝用語就稱之為「硬葉系」。

腰水
◆將花盆浸在盛滿水的淺盤中，讓花盆從底部的洞吸取水分的方式。

群生
◆子球和子株從母株不斷生長出來。分成兩種情況，一種是從多肉下半部自然長出子球和子株、第二種是因胴切這種人為因素下而長出子球和子株。

互生
◆每一個莖節上只生長一片葉子，葉片交互排列。

枝插
◆將植物的葉莖根等某一部分插入乾淨的土內生根的繁殖法。

插穗
◆枝插用的枝幹或莖節。

刺座
◆仙人掌的稜上或疣粒的頂端著長著如白色棉絮的固體，英文為Areole。

下葉
◆多肉最底部的葉子。

遮光
◆用遮陽網抵擋陽光。

種子繁殖
◆從植株取下種子進行繁殖，是有性繁殖的方式。

種小名
◆識別每個植物的形容詞，世界通用的學名都是以屬名加種小名來表示。以人類來舉例，屬是姓氏而種小名就是名字。

滲透移行性藥劑
◆藥劑會散布到植株的各個部位由葉根吸收，是可有效驅除殘害植株害蟲的殺蟲劑。

石化
◆也可稱為綴化。莖的一部分畸形變異現象。在仙人掌園藝間稱為綴化，但多肉植物內也很常見此現象。

叢生株
◆從根部長出複數的莖聚集生長在一起。

速效性肥料
◆會馬上被植株吸收並立刻有效的肥料，多半為液態肥料。

對生
◆莖節上對角生長2個葉片。

脫皮
◆生石花屬等多肉，會脫落老化的葉子長出新葉，看起來就像是在「脫皮」。

單幹
◆只有一棵枝幹生長的植株，仙人掌頂端的分枝也算是單幹。

遲效性肥料
◆效果緩慢的肥料，如油粕和骨粉等有機肥料大部分都屬於遲效性肥料。少部分是無機肥料（化成肥料）。

中刺
◆刺座中間凸出又粗又長的1～2根刺，又稱為主刺。

追肥
◆在植物生長途中施加肥料，可配合生長狀況施加。通常都會用即效性的液態肥料或化成肥料。

爪
◆擬石蓮花屬的葉尖稱之為爪。

摘心
◆英文是Pinch，把枝或莖的新芽摘掉的意思。透過摘心可促進腋芽增生和分枝。要抑制徒長或長大也很有效果。

綴化
◆參考石化。

徒長
◆枝幹和莖節的間距拉長增長。多半是日照不足和氮肥料過多所導致。

軟葉系
◆原產地南非的十二卷屬中，葉片較軟帶有透明感的多肉，園藝用語就稱之為「軟葉系」。

日長
◆日長時間，白天天亮的時間就稱為日長。

腐根
◆水澆太多或通風不良導致根部腐爛。大部分發現時都為時已晚。

根系過度發達
◆盆栽中的植株根系長太多已無法再生長時，會呈現無法吸收水分和養分的狀態。

葉插
◆將葉子的一部分或一整片葉子進行枝插。有全葉插、片葉插和葉柄插。

開根劑
◆進行枝插時促進發根的藥劑。

花座
◆一部分的仙人掌（花座球屬）的圓球頂端會長出絨毛與尖刺的固體，中間會開花。

葉燒
◆葉片受到強烈的日照導致水分蒸發，造成部分葉片枯萎。放置在陰涼處也有可能因突然的日曬而發生。

錦斑
◆一片葉子上出現2種顏色的變異。也可稱之為「出錦」。

覆輪
◆葉緣與花緣長出白色或黃色的斑。

不織布
◆不經過傳統編織方式製成的布，這裡用於保濕、防霜和防蟲。

分枝
◆腋芽分出數個小枝節。

匍匐性
◆枝節在地面上匍匐生長，英文叫作Creeping。

實生
◆直接由種子發芽生長成苗，一般泛指有子葉的狀態。

裂葉
◆球體破裂，突然吸入過多的水導致生長快速爆開，要小心勿給予過多水分。

無莖種
◆直立無莖節的多肉品種。

基肥
◆栽種和換盆前施加的肥料，與土重新混合再栽種的話，肥料效果會較持久。

有窗種
◆分辨肉錐花屬品種的方式之一。葉尖有玻璃狀透明的葉窗就是「有窗種」；
沒有葉窗就是「無窗種」。十二卷屬裡也存在有窗種。

有機肥料
◆油粕、雞糞、牛糞、骨粉和堆肥都是有機肥料。屬遲效性肥料，對改善土質很有效。

有莖種
◆直立有莖節的多肉品種。

匍匐莖
◆也稱為匍匐枝。莖細長軟弱，匍匐地面生長。在莖節的部位很容易長出新芽。

稜
◆仙人掌莖上數條隆起縱向排列的結構就叫作稜。在稜上會分裂長出一粒粒瘤狀物，再細分出圓形的疣粒。

輪生
◆三片以上的葉子輪狀生長在同一個莖節上。根據長出的葉片數量不同可分為三輪生、四輪生或五輪生。

蓮座
◆非常短小的葉片層層重疊圍繞在莖上水平生長呈現出放射狀，只要是此種生長型態都稱之為蓮座。

矮性
◆莖與枝節間的生長被抑制，此種植物的高度會比一般植物的標準大小還要低。

腋芽
◆也可稱之為側芽。除了莖頂生長點外（頂芽），從腋窩所長出的新枝都稱為側芽。

多肉植物圖鑑
品種索引

分類

● …… 主要為葉片多肉植物
● …… 主要為莖節多肉植物
● …… 莖與根部肥厚植物（塊莖植物）
● …… 地下部肥厚植物（球根植物）

189

台灣廣廈 國際出版集團
Taiwan Mansion International Group

國家圖書館出版品預行編目（CIP）資料

多肉植物栽種聖經完全圖鑑版630 / 向山幸夫監修；李亞妮譯. -- 新北市：蘋
果屋出版社有限公司, 2021.06
　面；　公分
ISBN 978-986-06195-0-8(平裝)
1. 多肉植物 2. 栽培

435.48　　　　　　　　　　　　　　　　　110002634

多肉植物栽種聖經完全圖鑑版630

集結 60 年研究經驗，栽培年曆獨家收錄！教你從外觀辨識、種植技巧、到組合盆栽應用，走進迷人的多肉世界！

監　　修／向山幸夫
合植混養／古賀有子、金沢啓子
譯　　者／李亞妮

編輯中心編輯長／張秀環
封面設計／林珈仔・內頁排版／菩薩蠻數位文化有限公司
製版・印刷・裝訂／東豪・弼聖・秉成

日本編輯團隊
攝　　影／金田洋一郎、金田一（arsphoto 企画）
攝影協助／二和園、Atelier daisy & bee、齊藤秀一、上野多喜子、伊藤智子（陶藝工房「間」）、勝胤寺
照片提供／arsphoto 企画、二和園
設　　計／佐々木容子（KARANOKI DESIGN ROOM）
插　　畫／竹口睦郁
執筆協助／金田初代（arsphoto 企画）
編輯協助／乙黑克行（帆風社）

行企研發中心總監／陳冠蒨
媒體公關組／陳柔彣
綜合業務組／何欣穎

線上學習中心總監／陳冠蒨
產品企製組／黃雅鈴

發　行　人／江媛珍
法 律 顧 問／第一國際法律事務所 余淑杏律師・北辰著作權事務所 蕭雄淋律師
出　　　版／蘋果屋
發　　　行／台灣廣廈有聲圖書有限公司
　　　　　　地址：新北市235中和區中山路二段359巷7號2樓
　　　　　　電話：（886）2-2225-5777・傳真：（886）2-2225-8052

代理印務・全球總經銷／知遠文化事業有限公司
　　　　　　地址：新北市222深坑區北深路三段155巷25號5樓
　　　　　　電話：（886）2-2664-8800・傳真：（886）2-2664-8801
郵 政 劃 撥／劃撥帳號：18836722
　　　　　　劃撥戶名：知遠文化事業有限公司（※單次購書金額未達1000元，請另付70元郵資。）

■出版日期：2021年06月
ISBN：978-986-98814-2-5

■初版3刷：2022年04月

PRO GA OSHIERU ! TANIKU SHOKUBUTSU NO SODATEKATA TANOSHIMIKATA　　ZUKAN 630 SHU
© YUKIO MUKOUYAMA 2020
Originally published in Japan in 2020 by SEITO-SHA CO., LTD. TOKYO,
translation rights arranged with SEITO-SHA CO., LTD. TOKYO, through
TOHAN CORPORATION, TOKYO and KEIO CULTURAL ENTERPRISE CO.,LTD.,
NEW TAIPEI CITY.